Karl Rolf Seufert

Unter den Hügeln das Gold

Heinrich Schliemann findet Troja und Mykene

Arena

Die Deutsche Bibliothek – CIP-Einheitsaufnahme

Seufert, Karl Rolf:
Unter den Hügeln das Gold:
Heinrich Schliemann findet Troja und Mykene / Karl Rolf Seufert.
- 1. Aufl. - Würzburg: Arena Verl., 1991
(Arena-Taschenbuch; Bd. 1686)
ISBN 3-401-01686-5
NE: GT

1. Auflage als Arena-Taschenbuch 1991
Lizenzausgabe des Loewes Verlags

Reihengestaltung: M. Scharff-Kniemeyer und K. Müller-Bussdorf
Umschlagillustration: Marlis Scharff-Kniemeyer
Gesamtherstellung: Pfälzische Verlagsanstalt, Landau
ISSN 0518-4002
ISBN 3-401-01686-5

Die Suche nach Troja

Nichts war zu sehen als die weite, ungeheure Ebene: keine Felder, keine Häuser, nur der graue Steppenboden, hartes Gras und ein paar Bäume. Der mehlfeine Staub hatte dem spärlichen Grün alle Farbe genommen. Einige wenige langgestreckte Hügel, öde Höhenzüge am Horizont, flimmerten in der Sonne.

Heinrich Schliemann hockte seit dem frühen Morgen im Sattel. Jetzt war es später Nachmittag, und er fühlte sich müde und durchgeschüttelt. Das Mietpferd taugte nichts; es war alt, von seiner Last überfordert und fiel von Zeit zu Zeit in einen lahmen Stolperschritt. Die schräge Augustsonne blendete ihn, wohin er auch blickte. Alles war von Licht und Hitze erfüllt. Immer häufiger ertappte er sich dabei, wie er über die Schulter seines türkischen Führers nach Burnabaschi ausspähte.

Er durfte sich von einem einfachen Ritt nicht so völlig erschöpfen lassen; höchstwahrscheinlich lagen lange und beschwerliche Tage und Nächte vor ihm die nicht nur seinen Körper, sondern auch seinen Geist auf eine harte Probe stellen würden.

Stunde um Stunde verging, die Steppe änderte sich nicht: Zeit und Landschaft — hier wandelte sich nur die Zeit. Er hustete, um seine Kehle vom Staub frei zu bekommen; vergebens, etwas drang immer durch. Der bittere

Staubgeschmack war ihm schon so gewohnt, als hätte er sein ganzes Leben in der Steppe zugebracht. Nie hatte er als Großkaufmann in Rußland glanzvolle Feste gegeben, nie hatte er an der Tafel der Reichsten in St. Petersburg gesessen, nie waren Millionen durch seine Hand gegangen, und niemals hatte er Frau und Kinder zurückgelassen. Das alles lag weit hinter ihm. Nur die Wildnis war Wirklichkeit, die Hitze war Wirklichkeit und die rauhe Leere Asiens, dazu der Traum von Troja.

Zum zehntenmal versicherte der Führer, nun sei es nicht mehr weit und sie hätten es bald geschafft. Schliemann schwieg in mürrischem Trotz. Er brauchte keine billigen Tröstungen. Sein Körper schmerzte vom ständigen Schaukeln im rutschenden Sattel; der Kopf tat ihm weh, und die neuen Feldstiefel drückten.

Sie erreichten Burnabaschi nach zwölf Stunden. Von außen betrachtet, schien der Ort schon vor fünfhundert Jahren untergegangen zu sein: ein armseliges, kleines Dorf. Zwanzig Häuser, einige waren seit Generationen verfallen. Ziegen liefen umher, ein paar Hühner pickten lustlos im Schmutz. Der Staub von Jahrzehnten lagerte über allem. Die Häuser waren einstöckig, aus Bruchsteinen und Lehm errichtet. Auf den flachen Dächern sah er riesige Storchennester, meist mehrere auf einem Dach. Wie es aussah, gab es mehr Störche als Menschen hier.

„Große Vögel!" sagte der Führer stolz. Er hatte Schliemanns erstaunte Blicke gesehen. „Fressen Frösche und Schlangen in den Sümpfen. Sehr nützlich!"

„Gibt es jemand, der hier Griechisch spricht?" erkundigte sich Schliemann. „Mein Türkisch ist nicht gut."

„Nicht gut, bei Allah!"

Zum erstenmal lachte der Führer. „Aber keine Sorge, Herr. Ich kenne hier jeden. Dort!" Er deutete auf ein Haus, dessen schweres Hoftor schräg in den Angeln hing. „Spricht gut."

Schliemann saß ab, zog die Geldbörse nach vorn, die er am Gürtel befestigt hatte, und bezahlte den Mann. Der Türke verbeugte sich tief, als er die neunzig Piaster sah. Schliemann saß ab.

„Wünsche großen Segen, Herr!" rief er.

Er hatte es jetzt eilig fortzukommen. Das ledige Pferd am langen Zügel hinter sich, trabte er davon, ohne noch einmal zurückzublicken.

Mitten in der Dorfstraße stand ein Brunnen, und dicht dabei, etwas zurückliegend, erhob sich das Haus hinter einer Mauer. Der Brunnen, der einst den Dorfbewohnern Wasser geliefert hatte, war trocken und tot. Schliemann schritt an der Mauer vorüber und betrat den Hof. Da das Außentor nicht mehr geschlossen werden konnte, benutzten ihn Tiere und Menschen als Latrine.

Ein schlampiges, schwarzgekleidetes Mädchen, wahrscheinlich die älteste Tochter, öffnete die Tür und schlurfte heraus, um ihn anzustarren. Im Fenster tauchte undeutlich das breite Gesicht einer Frau auf, die aus dem Schatten des dahinterliegenden Zimmers zu ihm herausschaute. Gleich darauf ertönte ein schriller Befehl, und das Mädchen lief davon. Schließlich erschien der Hausherr.

„Wer sind Sie, hoher Herr?" stammelte er unterwürfig. „Wir sind arm ... Haben Sie Erbarmen."

Er war kein Türke der Sprache nach, wahrscheinlich

ein Albanier. Er schien Schliemann für einen Regierungsbeamten zu halten, vielleicht sogar für einen Steuereintreiber. Das schlechte Gewissen stand ihm ins Gesicht geschrieben.

„Der Segen Allahs und seines Propheten über Sie und Ihre Familie", grüßte Schliemann. „Ich bin ein Fremder und werde wahrscheinlich einige Tage hierbleiben."

Das knochige Gesicht des Mannes strahlte auf. Er witterte ein Geschäft. „Der Herr sind müde, haben einen langen Ritt hinter sich ... Der Herr haben Hunger und suchen eine Schlafstatt für die Nacht. Allah ist barmherzig!"

„So ist es", sagte Schliemann. „Wenn Sie mir helfen können, wäre ich Ihnen sehr dankbar." Er hatte sich beim letzten Satz des Griechischen bedient, und sofort fiel der Mann in ein holperiges Griechisch.

„Bitte hereinzukommen und einzutreten."

Schliemann folgte ihm in das Innere. Das niedrige Zimmer roch nach Ziegenkäse, Holzkohlenrauch und ungewaschenen Kleidern, überlagert von einem süßlichen Geruch, den er zunächst nicht einordnen konnte. Wanzen, durchzuckte es ihn dann. Es mußten Tausende sein. Durch die beiden Fenster fiel nur wenig Licht. Sie waren dick mit Fliegen besetzt, ein summender schwarzbrauner Pelz von Fliegen. Schliemann blieb eine Minute unter der Tür stehen, um seine Augen an die halbe Dunkelheit im Raum zu gewöhnen. Den Reisesack hatte er neben sich.

Da sah er die Frau wieder: Sie stand im Eingang zur anschließenden Kammer. Sie war dick und groß, erheblich größer als ihr Mann, in schwarze, rotgemusterte

Gewänder gehüllt, und sie blickte ihn an. Ein schwarzer Schleier hing unmittelbar unter den Augen quer über ihrem Gesicht und rutschte ständig. Immer wieder mußte sie ihn hochschieben, doch es störte sie nicht. Plötzlich drehte sie den Kopf und rief ein paar Worte. Nur Sekunden später erschien die Tochter mit einer Schale Milch. Sie kam ihm so nahe, daß er die großen Poren ihrer gelbfahlen, glänzenden Haut sehen konnte. Als sich ihre Blikke trafen, lächelte sie, ein langsames, ziemlich gespenstiges Lächeln, das verschwand, als er es nicht erwiderte.

Schliemann betrachtete den Holznapf. Er war wahrscheinlich das Schmutzigste, was er seit Jahren gesehen hatte. Er schüttelte den Kopf.

„Für die Kinder", sagte er. „Geben Sie es den Kindern — ein Geschenk."

Die Tochter verschwand, und die Mutter verbeugte sich. Eine Sekunde später erhob sich ein Freudengeschrei, als die Kinder über die Milch herfielen.

„Hier ein guter Schlafplatz", sagte der Mann und deutete auf die Bank unter den Fenstern. „Breit und gut."

Wieder schüttelte Schliemann den Kopf. „Ich schlafe draußen irgendwo im Freien. Dort ist es weniger heiß. Ich bitte Sie nur, meinen Reisesack über Nacht aufzubewahren und mir jeden Morgen ein frisches Gerstenbrot zu liefern. Außerdem brauche ich ein Pferd und einen Führer. Für das Brot und die Aufbewahrung meines Gepäcks zahle ich täglich zwanzig Piaster. Führer und Pferd werden gesondert von mir bezahlt. Hätten Sie Lust, das zu übernehmen?"

„Gewiß, hoher Herr. Selbstverständlich ... Morgen früh wird ein Pferd zur Verfügung stehen."

„Sie sind Albanier, nehme ich an. Und wie heißen Sie?“

Der Mann sprudelte eine Reihe von Namen heraus, von denen Schliemann nur „Selim“ verstand.

„Wenn es Ihnen recht ist, werde ich Sie Selim nennen.“ Das Gesicht des Albaniers legte sich in freundliche Falten. Es war so dürr, daß die Nase wie ein Geierschnabel vorsprang. „Gut, sehr gut, Herr.“

Schliemann suchte sich einige hundert Meter vom Dorf entfernt einen windgeschützten Schlafplatz. In seine Decke gewickelt, lag er unter den blitzenden Sternen. Er dachte an Troja, die Stadt, die er ausgraben wollte, und ließ sich von seinen Träumen treiben.

Seit seiner Kindheit hatte er darauf gehofft. Alles lag jetzt vor ihm. Aber er wußte auch, daß er es nur um den Preis harter Mühen erreichen konnte, und er war bereit, jeden Preis dafür zu zahlen. Dazu gehörte, daß er in Rußland seine Familie zurückgelassen hatte, die Frau und die Kinder, das große Haus und alle Bequemlichkeiten, die Reichtum und Ansehen für einen Mann bereithielten. Ruhig lag er jetzt da und grübelte.

Er war sich seiner Entscheidung sicher. Und dennoch, im Widerspruch zur Festigkeit seines Beschlusses, kehrten verwirrende Erinnerungen an seine Frau zurück, um ihn zu quälen — ihre Stimme, ihre Hand, die Lippen, die er nicht erwärmen konnte, die seine Liebe nicht erwidern wollten. Irgendwo heulte ein Hund. Die klagenden Laute erschütterten das Gewebe der Stille. Er lauschte auf den Widerhall, und ein Schauder ergriff ihn.

Als er am nächsten Morgen die Augen aufschlug, stand der Albanier vor ihm, ein Pferd neben sich, für das er fünfundvierzig Piaster verlangte. Enttäuscht blickte Schliemann auf den abgetriebenen, halbverhungerten Gaul. Er trug weder Zügel noch Sattel. Schliemann mußte sich mit einem Strick begnügen, den er um den Hals des Tieres band.

„Nun gut“, dachte er, „wahrscheinlich war es naiv gewesen, mehr zu erwarten.“ Er gehörte nicht zu den Leuten, die Einförmigkeit, Schmutz und der Mangel an Bequemlichkeit schreckten. Der Albanier setzte sich zu ihm, während er einige Scheiben des Gerstenbrots aß. Das Brot schmeckte sogar, solange er nicht an die Hände dachte, die es bereitet hatten.

„Der Herr sind zufrieden?“

Schliemann nickte. „Es ist das, was wir ausgemacht hatten.“

„Haben Sie sich geängstigt heute nacht?“

„Warum sollte ich?“

„Wölfe ...“, sagte der Führer. „Sie können manchmal recht zudringlich werden. Aber es ist wohl nicht die rechte Jahreszeit dafür.“

„Der Hund“, durchzuckte es Schliemann, doch er schwieg. „Wir können jetzt aufbrechen“, sagte er statt dessen. „Ich möchte zum Hügel von Burnabaschi.“

Seine Freude war tief und heftig, als er nach einer halben Stunde zum erstenmal über den grasigen Hügel ritt, unter dem Troja liegen sollte.

Er kannte die „Ilias“ Homers auswendig, jenes Buch, das er seit mehr als fünfunddreißig Jahren wieder und wieder gelesen hatte. Sein Gedächtnis versorgte ihn mit einer Fülle von Einzelheiten, ohne daß es ihn Mühe kostete, und schon bald kamen ihm erste Zweifel. Da war einmal die Entfernung zum Meer.

Der Hügel lag viel zu weit von der Küste entfernt. Auch der Steilhang, den er gerade passiert hatte, paßte nicht. Dann die Quellen: Homer berichtete von zwei Quellen, davon die eine heiß, die andere kalt. Doch er hatte, ohne danach zu suchen, schon mehr als zwei Dutzend gesehen.

Er glitt vom Pferd, um sich Gewißheit zu verschaffen. „Viel Wasser hier", lachte der Albanier. Er erklärte, insgesamt gebe es vierzig Quellen. Darum werde der Ort auch „Kirk Girös" genannt, was soviel wie die „Vierzig Augen" bedeute. Außerdem betrug die Temperatur einheitlich 17,5 Grad, wie Schliemann mit Hilfe seines Taschenthermometers feststellte.

Sie blieben den ganzen Tag auf den Beinen und setzten am nächsten Tag die Erkundungen fort. Obwohl er insgeheim schon längst davon überzeugt war, Troja hier nicht zu finden, wollte er jeden Zweifel ausschließen. Da war der Steilhang, der hundertfünfzig Meter nach Südwesten abfiel. Diesen Hang hätten die Helden Homers hinabklettern müssen, falls sich Troja hier befand. Er ließ das Pferd zurück und machte sich zu Fuß an den Abstieg. Der Hang fiel in einem Winkel von nahezu sechzig Grad ab. Er mußte auf Händen und Knien rückwärts kriechen und brauchte fast eine Viertelstunde für die Strecke, von der Homer schrieb, die Helden hätten sie „in eilendem Lauf" bezwungen, und das sogar dreimal.

Auch am dritten Tag untersuchte er das Gelände. Immer wieder schritt er durch das Gras und suchte nach Scherben, behauenen Steinen oder anderen Hinweisen. Irgendwo mußten die Regenfälle der vergangenen Jahrtausende eine Kleinigkeit an die Oberfläche gespült haben. Nichts. Alle Mühen umsonst. Es gab nicht die geringste Spur, die auf eine menschliche Besiedlung hinwies. Er schritt sehr langsam voran und beugte sich über das Gras. Nach jeweils dreißig Schritten blieb er stehen, um auch die Umgebung zu mustern. Nichts, immer wieder nichts! Alle Anstrengungen vergeblich.

Gegen Mittag machte er im Schatten des Steilhangs eine längere Rast. Die Zeit verging beim Zirpen der Grillen und dem müden Flug der Insekten. Er hatte keine Lust, sich zu erheben, aber die Pause dauerte schon zu lange. Er stand auf, warf seinen Vorratssack über die Schulter, und die mühselige Suche ging bis zum Abend weiter.

Die Nacht verbrachte er bei den Quellen. Er fühlte sich müde und enttäuscht, ja erschöpft. Gegen Mitternacht weckte ihn ein jäher Platzregen. Doch es gab keinen Unterschlupf. Er zog sich die Decke über den Kopf und döste weiter. Als er sich am Morgen erhob, war er steif vor Kälte und noch immer bis auf die Haut durchnäßt.

Für diesen Tag hatte er fünf Arbeiter gemietet. Sie gruben im Südwesten des Hügels staffelförmig auf einer hundert Meter langen Strecke. Wenn der Hügel Ruinen barg, dann mußte es hier sein. Er glaubte nicht, daß er etwas finden würde — nicht nach den Mißerfolgen der letzten Tage. Doch er wollte Sicherheit. Die Männer legten eine Art Graben frei und erreichten dabei, je nach der Beschaffenheit des Bodens, Tiefen bis zu einem Meter. Er beteiligte sich selbst an den Arbeiten. Wieder nichts! Keine Spuren einer früheren Stadt — nicht an diesem Tag und nicht am nächsten, wo immer er auch die Leute einsetzte.

Nach einer Woche der Enttäuschungen in dieser Wildnis hatte er nur eine Gewißheit erlangt: Was immer man seit Jahrhunderten vermutet hatte, war falsch. Troja war nicht auf dem Hügel von Burnabaschi erbaut worden. Wo aber dann? Schlaflos wälzte er sich am Boden, richtete sich auf und starrte über den Hügel, bis sich seine Augen verwirrten.

Endlos dehnte sich die Steppe unter ihm. Das Gras flutete in silbrigen Wellen auf und nieder und vertiefte noch das Gefühl der Leere in ihm. Seine Hoffnungen, die Verheißungen einer großen Entdeckung waren so wunderbar kühn gewesen. Nichts war davon geblieben. Was konnte er tun? Zum Glück kamen noch einige andere Orte in Frage. Er entschied sich für die Hügel um den Hissarlik.

Kein Wort fiel am nächsten Morgen. Mit hängenden Köpfen, noch erschöpft von den Anstrengungen des vergangenen Tages, trotteten sie dahin. Gras wechselte mit Sandstrecken. Schliemann folgte mit hundert Metern Abstand. Noch war nichts verloren, nichts außer einer Woche vergeblichen Suchens und einigen Piastern. Damit würde er leben können. Doch da blieb immer noch die alles entscheidende Frage: Gab es Troja überhaupt? War es nicht auch möglich, daß er sich irrte, und konnten am Ende nicht die recht behalten, die behaupteten, Troja habe immer nur in der Phantasie Homers bestanden?

Nach einer Stunde erreichten sie den Kimar-Su, einen Nebenfluß des Skamander, der im Altertum den Namen Thybrius trug. Die Ufer waren grasbewachsen, mit stacheligem Gestrüpp bedeckt und wurden von Bäumen überragt. Nur gelegentlich schimmerte das Wasser durch das grüne Geflecht. Nach einer weiteren Stunde hielten sie auf dem Trümmerfeld von Thymbra.

Schliemann war mit den Männern, die ihre Arbeitsgeräte trugen, zu Fuß gegangen. Das Pferd war zu erschöpft gewesen, um einen Reiter tragen zu können. Im Vorübergehen klopfte er ihm den Hals, eine Geste des Mitleids. Im Grunde fühlte er sich nicht weniger elend als das Tier.

„Wartet hier auf mich", rief er den Leuten zu, „und laßt das Pferd grasen."

Schon der erste flüchtige Blick zeigte, daß sich hier eine Stadt befunden haben mußte. Der grasige Boden war mit Scherben übersät. Mauerreste ragten aus der Erde, dazwischen behauene Steinblöcke. Nach dem griechischen Schriftsteller Strabo waren diese Ruinen Teil der antiken Stadt Thymbra, einst berühmt durch ihren Tempel, der dem Gott Apollo geweiht gewesen war. Nach Strabo betrug die Entfernung bis Neu-Ilium fünfzig Stadien, knapp zehn Kilometer. Ob dort Troja lag?

Sie erreichten den Ort in zwei Stunden, was Strabos Angaben bestätigte. Er schritt langsam den Hügel hinauf. Rauhes Steppengras hielt den trockenen Boden zusammen. Auch hier das gleiche Bild wie in Thymbra: Tausende von Scherben, dazu Mauerreste. Vier zerbrochene Marmorsäulen zeigten an, wo sich einst ein Tempel oder ein Palast befunden hatte. Während die Männer im Schatten des Hangs dösten, schritt er hin und her, prüfte die Ausmaße, rechnete und kehrte wieder um.

Das Ergebnis war niederschmetternd. Hier hatte sich

nie eine Stadt befunden. Die Ausmaße waren zu gering, allenfalls ein großer Tempel, vielleicht auch ein Palast. Doch das war es nicht, was er suchte.

„Weiter!" rief er. „Wir gehen weiter." Seinem Gesicht war nichts von der Ungeduld anzumerken, die ihn jäh befallen hatte.

Eine halbe Stunde später erreichten sie den nächsten Hügel. Er war knapp fünfzig Meter hoch und fiel nach Norden beinahe senkrecht in die Ebene ab. Wieder ließ er das Pferd zurück und erkletterte den Kamm. Er war eben und bildete eine Fläche von zweihundert Metern im Quadrat. Er schritt ihn ab und zählte die Schritte. Überall lagen Scherben im Gras, dazu behauene Steine.

„Wie heißt der Hügel?" fragte er den Albanier.

„Hissarlik, hoher Herr."

Schliemann nickte. Hissarlik bedeutete „Schlößchen". Diesmal paßte alles zusammen: die Form des Hügels, die Scherben, die Steine, der regelmäßige Kamm und vor allem die Entfernung zum Meer. Hissarlik mußte Troja sein! Er spürte die jähe Gewißheit auch am schnelleren Herzschlag. Frank Calvert, der amerikanische Vizekonsul, hatte schon vor Jahren den Hügel von Hissarlik als das alte Troja bezeichnet. Und nicht genug damit. Seine Nachforschungen hatten ergeben, daß der Hügel aus Trümmern und Ruinen bestand, über die der Wind in Jahrtausenden einen Erdmantel geweht hatte. An manchen Stellen brauchte er nur mit dem Fuß zu scharren, um auf Mauerwerk zu stoßen. Calvert, dem beinahe die Hälfte des Hügels gehörte, hatte in den Jahren nach 1859 Grabungen durchführen lassen und Ruinen aus hellenistischer, makedonischer und römischer Zeit freigelegt. Aber da der große Fund ausgeblieben war, hatte er bald die Lust verloren und aufgegeben.

Er würde nicht aufgeben! Seine Zweifel waren verschwunden, aufgefressen wie Schatten von der Sonne. In diesem Augenblick sah er alles mit außerordentlicher Klarheit: Troja war nach seiner Zerstörung, von der Homer berichtete, wieder aufgebaut worden. Andere Völker hatten hier gewohnt, Jahrhunderte hindurch. Es hatte weitere Angriffe gegeben, neue Zerstörungen, und eine Stadt war über der anderen entstanden. Wer das wirkliche Troja wollte, das berühmte, das Troja Homers, durfte nicht auf halber Strecke aufhören. Er mußte bis zum gewachsenen Boden graben. Daran ging kein Weg vorbei. Und er würde es tun. Er würde nicht aufgeben. Die Monate und Jahre, die das kostete, konnten ihn nicht hindern, und auch nicht das Geld.

Seine Augen starrten auf den Boden. Die Sonne hing regungslos über ihm. Er spürte die Sonnenhitze; es war, als ob man ihm heiße Tücher gegen die Haut preßte.

Sein Entschluß war gefaßt.

Er stand noch eine Weile in der summenden Stille. Die Steppe schwieg geheimnisvoll, aber dann war die Stille gebrochen, und er hörte die kleinen Geräusche der Wildnis: das Zirpen der Grillen, das helle Sirren der Fliegen und das trockene Scharren der Halme, die sich aneinander rieben. *Hissarlik war Troja!*

Wie zur Bestätigung sah er den Ida, als er den Kopf hob: Graugrün hob sich der Berg aus dem weißlichen Dunst des Horizonts. Von seinem Gipfel herab hatte einst Gott Zeus den Kampf um Troja beobachtet, wie Homer schrieb.

Der Albanier kam heran. Seine Hakennase warf einen langen Schatten über das knochige Gesicht.

„Sind Sie zufrieden, Herr?"

„Ja ... Ich glaube schon. Unser Marsch hat sich gelohnt."

Der Albanier zögerte, dann kam er einen Schritt näher. „Was ist Besonderes an diesem Hügel? Hat er etwas, das andere nicht haben? ... Einen Zauber? Ist er schöner, älter ...?"

„Der Hügel birgt eine Stadt in sich. Vielleicht sogar mehrere."

Er warf Schliemann einen scheuen Blick zu und sah dann rasch wieder weg. „Und warum wurde die Stadt in diesem Hügel eingeschlossen? Waren die Bewohner böse? ... Haben sie gestohlen? Haben sie getötet?"

„Einige von ihnen schon, vermute ich."

„Und entkommen sie je? Später einmal?"

„Sie würden es gar nicht wollen. Ihr Kerker ist das Herz der frühen Welt."

„Allah ist gerecht", murmelte der Albanier, „und jeder trägt sein Schicksal wie einen Strick um den Hals. Sagen Sie, sind es Rechtgläubige, die hier eingeschlossen sind? Unglückliche, die die Botschaft des Propheten mißachteten?"

„Sie kannten die Botschaft des Propheten gar nicht. Sie lebten lange Jahrhunderte vor ihm."

Er nickte erleichtert. Die Tatsache, daß hier keine Rechtgläubigen gelebt hatten, gab ihm das Gleichgewicht zurück.

„Was werden Sie jetzt tun, Herr?"

„Wir sehen uns die Umgebung an."

„Sie wollen also nicht, daß unsere Leute an diesem Hügel graben?“

„Das wird nicht nötig sein.“

Selim schüttelte den Kopf. Ratlosigkeit zeigte sich auf seinem Gesicht. Da wurden fünf Arbeiter angeworben. Sie mußten bezahlt werden, und dieser rätselhafte Fremde verzichtete freiwillig auf deren Dienste. Schliemann sah, daß er damit nicht in der Achtung des Albaniers gestiegen war.

Sie verließen Hissarlik am frühen Nachmittag und kamen durch mehrere Dörfer; auch sie waren klein, trostlos arm, still.

Verstohlen blickten die Bewohner hinter Hausecken und Fenstern zu ihm her. Natürlich waren alle unterrichtet: ein Fremder, der sinnlos durch die Steppe streifte und sein Geld vergeudete. Wahrscheinlich hatte Allah ihm den Verstand verwirrt.

Sie erreichten einen weiteren Hügel, siebzehn Meter hoch und knapp hundert Schritte im Durchmesser. Wenn Homer recht hatte, handelte es sich hier um das Grabmal des Achill. Er erkletterte wenig später einen anderen Hügel, eine Stunde entfernt. Er war von Ausgräbern irgendwann geöffnet worden. Er sah ein Gewölbe aus Ziegelsteinen, dazu die Reste eines antiken Tempels. Strabo hatte von ihm berichtet. Nach seiner Darstellung hatte sich hier einst die Statue des Ajax befunden, die Marc Anton später Königin Kleopatra schenkte. Das alles paßte zusammen.

Sie setzten die Erkundungen bis Yenitscheri am Ägäischen Meer fort. Die kleine Stadt bot einen herrlichen Blick über die trojanische Ebene. Er bezahlte die Arbeiter und schickte sie zurück. Zwei wollten ihm aus Dankbarkeit für das leichtverdiente Geld die Hand küssen. Zwanzig Schritte weiter hörte er sie lauthals über den ungläubigen Dummkopf lachen.

Er war es zufrieden. Sollten sie lachen! Seine Freigebigkeit, oder wie immer sie es nannten, würde sich in der ganzen Ebene herumsprechen, und wenn er dann mit den Ausgrabungen begann, würde es ihm nicht an Arbeitern fehlen.

Der Albanier kam heran, das Pferd am Strick. „Wenn Sie etwas essen wollen, Herr?“ fragte er verlegen. „Ich kenne hier den Wirt. Er ist der Bruder meiner Frau. Alle, die in die Hauptstadt reisen, machen bei ihm Quartier.“

„Einverstanden. Vielleicht hat er wirklich etwas Eßbares.“ In der engen Hauptstraße häuften sich die Geschäfte. Sie waren noch geöffnet, und die Händler hockten inmitten ihrer Waren. Schliemann blieb vor dem offenen Laden eines Gewürzhändlers stehen. Der Inhaber feilschte mit einer verschleierten Kundin. Schließlich nickte die Frau, und der Händler holte eine Kupferwaage hervor. Einige Bauern trotteten mit ihren Eseln an ihm vorüber. Die Körbe, hoch mit Gemüse beladen, schwankten zu beiden Seiten des Sattels auf und nieder.

Sie schoben sich langsam durch die Menge weiter. Selim hatte die Führung übernommen, eine dunkle Gasse hinunter, durch ein Tor zu einem nach der Gasse offenen Laden. Selim band das Pferd an einen der Pfosten, die das Dach stützten.

Der Wirt schlurfte heran und zeigte seine schlechten Zähne, als er den Albanier erkannte. Die Lampen waren noch nicht entzündet, und das wenige trübe Tageslicht war die einzige Beleuchtung. Er brachte zwei Sitzkissen, und sie setzten sich in die vordere Ecke.

„Tee oder Kaffee, Ehrwürdiger?“ fragte der Wirt. Er hatte einen riesigen, sichelförmigen Schnurrbart, aber kein Haar mehr auf dem Kopf. Die nackten Füße steckten in Lederpantoffeln. „Kaffee“, bestellte Schliemann.

Zwei Minuten später kehrte der Besitzer zurück. „Kein Kaffee mehr da.“

Schliemann unterdrückte eine scharfe Bemerkung. „Dann grünen Tee, aber nicht den schmutzigen Teestaub. Und nimm frisches Wasser dazu.“

„Sehr wohl“, sagte der Wirt beleidigt.

„Und spüle die Tassen vorher!“ rief Selim. „Der Herr ist es gewohnt, daß man ihn aufmerksam bedient.“

Schliemann beobachtete den Türken, während er frisches Wasser aufsetzte und die Tassen in einer Kupferschüssel spülte, um den rätselhaften Bedürfnissen dieses Ungläubigen gerecht zu werden. Nach einem raschen Blick auf Schliemann ließ er den Zipfel seines Hemdes wieder fallen, mit dem er offensichtlich die Tassen hatte abtrocknen wollen. Statt dessen schwenkte er sie jetzt durch die Luft. Danach griff er zu einer Pfeife, die er auf der Anrichte dahinter abgelegt hatte, und nach zwei genußvollen Zügen kam er heran.

„Der Tee, Ehrwürdiger“, murmelte er und stellte die beiden Tassen auf ein kniehohes Tischchen.

„Wir würden gern etwas essen.“ Nach mehr als einer Woche, in der er von Gerstenbrot und Wasser gelebt hatte, brauchte er etwas Kräftiges.

„Hammelfleisch in Pilav, Fleischpastete, Rindfleisch mit Reis, Geflügel ...“, schnurrte er. „Es ist aber nur Geflügel da.“

Schliemann holte tief Atem. „Dann nehmen wir Geflügel.“

Der Wirt verbeugte sich und verließ die Gaststube. Wenig später hörte Schliemann das mörderische Kreischen eines Huhns im Hinterhof. Als er zurückkehrte, hielt er das noch lebende Tier am Hals.

„Ist es so recht, hoher Herr?“

Das Huhn schrie noch immer. Er sah die grelle Todesangst in den Augen des Tieres. Er war nicht sentimental, doch der Erfolg hatte ihn großmütig gestimmt.

„Schenken Sie ihm das Leben“, sagte er. „Ich zahle für das Tier, als hätten wir es gegessen. Ich nehme an, wir können noch etwas anderes erhalten.“

„Tschibuk, Herr?“

Schliemann starrte auf die Pfeife. Es war die gleiche, aus der der Wirt die ganze Zeit über geraucht hatte. Noch ehe er antworten konnte, hatte der Albanier zugegriffen. Zwischen zwei Rauchwolken bestellte er:

„Eier, frisches Brot und eine Kanne Wein.“

Sie aßen still und tranken dann noch eine zweite Kanne. Lange Zeit saß Schliemann schweigend. Der Wein hatte ihn mit einem Gefühl wunschlosen Wohlbehagens erfüllt. Er hatte Troja gefunden, sein Ziel erreicht. Nur das zählte.

Der Albanier rauchte stumm. „Griechischer Wein sehr gut, wie?“

Schliemann nickte.

„Noch eine Kanne?“

„Warum nicht ...“ Plötzlich beugte er sich vor. „Sagen Sie, Selim, was tun die Menschen eigentlich hier?

Wovon leben sie?“

„O Allah“, murmelte der Albanier. „In diesem Monat tun sie nicht viel.“

„Und im nächsten Monat?“

„Nächsten Monat“, bekannte er, „werden sie vermutlich auch auch nicht viel tun.“

„Arbeiten sie je?“

„Nein, nicht richtig, wenn sie es vermeiden können.“

„Und Sie, Selim, was werden Sie tun, wenn ich morgen abreise?“

Der Albanier winkte nach einer dritten Kanne und nahm einen langen Schluck. „Ich werde warten, bis Sie wiederkommen, Herr. Sagten Sie nicht, daß Sie wiederkommen?“

„Das ist richtig. Aber es kann einige Monate dauern. Vielleicht sogar ein Jahr.“

„Was ist schon ein Jahr ... Unser Leben liegt in Allahs Hand“, murmelte er schläfrig. „Ich werde auf Sie warten ...“

Es blieb eine Weile still zwischen ihnen. Schliemann blickte auf die kleine Moschee schräg gegenüber, die allmählich im Dunkel versank. Nur noch wenige Menschen kamen vorüber. Selbst der Bettler vor dem Spitzbogentor raffte sich auf und trottete davon. Er wußte, daß kein Bakschisch mehr zu erwarten war.

Schliemann winkte dem Wirt. „Gibt es hier eine Möglichkeit zum Übernachten?“

„Gewiß, selbstverständlich ... ein eigenes Zimmer für Sie?“ Schliemann weckte den Albanier, der schnarchend und leise schwankend auf seinem Sitzkissen hockte, und half ihm auf die Beine. „Allah segne Sie, Herr ... Sie sind so gut ... Der Schutz des Propheten über Sie!“

Die Tränen liefen ihm über die Wangen, und ehe er es verhindern konnte, spürte Schliemann zwei feuchte Küsse auf den Wangen. Eine Minute später tauchte der Albanier leise schwankend in der Dunkelheit unter, das Pferd am langen Strick. Geduldig folgte es seinem Herrn durch die leere Gasse.

Die Kammer, die ihm der Wirt als Quartier anbot, sah im Lichtkreis der Öllampe nicht übel aus. Sogar das Bett war frisch bezogen. Doch dann nahm Schliemann die Lampe und leuchtete die Wände ab. Was im ersten Augenblick wie eine rotgepunktete Tapete ausgesehen hatte, entdeckte er, waren Wanzen. Wanzen auch hier! Manche saßen still, andere bewegten sich langsam.

„Nicht gefährlich“, tröstete der Wirt.

„Sie werden mich auffressen über Nacht. Nein, nein, ich schlafe lieber draußen. Vielleicht auf dem Dach des Stalls.“

Der Wirt war einverstanden. Obwohl Schliemann sich fast krank vor Übermüdung fühlte, erwachte er schon nach wenigen Stunden, aufgeweckt von Flöhen, die wie ausgehungerte Raubtiere über ihn herfielen.

Am nächsten Morgen kehrte er nach Konstantinopel zurück.

Ein Traum wird Wirklichkeit

Der Hügel von Hissarlik lag in zeitloser Entrücktheit unter der Sonne. Gras wuchs zwischen den Trümmern. Eine Schafherde, weit verstreut, weidete auf den Hängen. Der Hirte stützte sich auf seinen Stock und starrte ins Leere. Das alles war wie vor einem Jahr, wie vor hundert oder auch tausend Jahren. Ein leichter Wind fuhr durch das Gras, und das Rascheln der Halme war wie eine ferne Stimme, wie ein Ruf aus einer unermeßlichen Vergangenheit.

Seit seinem letzten Besuch war ein Jahr vergangen. Er war in die Vereinigten Staaten gereist; er hatte ein Buch geschrieben, und er hatte sich in Griechenland wieder verheiratet. Seine Frau war gerade neunzehn, er jetzt siebenundvierzig. Außerdem war ihm von der Universität Rostock für eine in altgriechischer Sprache abgefaßte Dissertation die Doktorwürde verliehen worden.

Schliemann zeigte seiner jungen Frau Sophia den Hügel von Hissarlik. Sie folgte ihm willig; eine zierliche, graziöse Frau mit gebräuntem Gesicht und dunklen Augen. Das schwarze Haar war zum Schutz vor dem Staub in ein Tuch geschlungen. Geduldig kletterte sie den Hang hinauf und wieder hinunter, schritt mit ihm den Kamm ab und lauschte mit ungeheucheltem Interesse, wenn er Einzelheiten aus Homers „Ilias“ zitierte, die seine Thesen stützten.

Schließlich setzten sie sich unter eine Baumgruppe, die wenigstens die Illusion von Schatten bot. Die Hitze um sie her war fast greifbar, und beide spürten, wie sich die Sonnenstrahlen durch die Augenlider bohrten. Von Zeit zu Zeit schien die Steppe ihren trockenen, heißen Atem auszustoßen. Es war wie die Hitzewelle, die von einem Backofen ausgeht, wenn die Tür geöffnet wird.

Schliemann schlang die Arme um die Knie und blickte die Küste entlang. Vor ihm lag das Ägäische Meer, glatt, flach und unwahrscheinlich blau unter dem farblosen Himmel. Da war auch Kum Kale, die letzte geschützte Bucht der Dardanellen, in der, wie Homer berichtete, die griechische Flotte einst zehn Jahre gelegen hatte. Einige Kilometer weiter nördlich hoben sich fünf kleine Hügel aus der grasbewachsenen Ebene. Dort mußten die Gräber der großen Helden aus dem Trojanischen Krieg liegen. Aber wahrscheinlich waren sie längst geplündert und ausgeraubt. Frank Calvert hatte einen der Grabhügel geöffnet und nichts gefunden.

Lange Monate hatte Schliemann sich diese Stunde vorgestellt, hatte sich danach gesehnt; und nun war sie da, erfüllt und vollendet in jeder Einzelheit. Es war richtig, daß sie nicht sprachen. All das konnte warten, die Besprechung der ersten Schritte, die nun zu tun waren. Friedlich war in dieser Stunde sein Glück; er begann Verständnis für jene stillen, traditionellen Lebensführungen zu fühlen, die er immer verachtet und für seine Person verworfen hatte.

Zwei schwarze Ziegen brachten ihn in die Wirklichkeit zurück. Sie kletterten über das Geröll des Abhangs. Plötzlich wandten sie die Köpfe, bleckten die Zähne und beäugten ihn mit ihren grünen Pupillen. Auch seine junge Liebe zu Sophia konnte ihn nicht völlig blind machen für seine wahre schicksalhafte Aufgabe in diesem Leben; sein Charakter und seine Erfahrungen ließen sich nicht erneuern, erkannte er. Sogar die Ruhe, die sie hier umgab, war eher trügerisch. Sie würde nicht dauern, und für Monate würden sie nicht mehr so allein sein.

„Was geht in deinem Kopf vor?" fragte Sophia. „Müssen wir aufbrechen?"

Er nickte und blickte sie an. Die leere Steppe verlieh ihr einen erstaunlich lockenden Reiz; sie war so zivilisiert, so sehr malerisch mit ihrem roten Tuch über dem schwarzen Haar und der Kette kleiner Perlen über dem gebräunten Hals.

„Wenn wir nicht einen vollen Tag verlieren wollen, müssen wir jetzt gehen", sagte er. „Ich möchte morgen mit den Grabungen beginnen, und wir haben noch keine Arbeiter."

„Das wird nicht ganz einfach sein. Die Leute sind von Natur aus allem Fremden gegenüber mißtrauisch."

„Keine Sorge!" Er lachte und half ihr auf die Beine. „Wir kriegen sie. Die Leute sind auch arm — mehr als arm die meisten. Und ich zahle täglich bar."

Erenkoi war ein griechisches Dorf, etwas größer als die türkischen der Umgebung. Er wählte den Ort, weil er besser Griechisch als Türkisch sprach. Der Albanier würde enttäuscht sein. Doch das ließ sich nicht ändern. Auf der staubigen Dorfstraße fragte er einen der Vorübergehenden nach dem Dorfältesten. An den Augen des Mannes, der zwei Esel mit Melonen auf dem Rücken vor sich hertrieb, sah er, daß man sich an ihn erinnerte.

„Dort, Herr, nur hundert Schritte weiter."

Das Haus war zweistöckig. Man gelangte über eine Holztreppe in die Wohnräume. Das Untergeschoß war nach der Straße offen und diente als Stall und Scheune. Zwei Esel waren an einen der Pfosten gebunden und zerrten an einem Ballen Heu. Ziegen und Schafe drängten durcheinander. Hühner pickten auf dem Dunghaufen.

Sie stiegen die steile Treppe empor und standen vor einem alten, weißbärtigen Mann, der auf einem Stuhl saß und rauchte. Mehrere Ikonen schimmerten in einer Ecke; davor brannte eine kleine Ampel, die an vier Messingketten von der Decke hing.

Sie verbeugten sich vor den Ikonen, dann vor dem Greis, wie es die Sitte verlangte, und Sophia bekreuzigte sich. Eine alte Frau brachte zwei Schemel, und sie setzten sich.

„Wünschen der Herr und die Dame etwas?" fragte der alte Mann und nahm die Pfeife aus dem Mund. Mit dem spärlichen weißen Haar, dem weißen Kinnbart, den gefurchten Zügen und den großen Augen hätte er jederzeit einem orthodoxen Maler als Modell für eine Nikolausikone dienen können.

„Ich suche Arbeiter für Grabungen auf dem Hügel Hissarlik", sagte Schliemann.

„Grabungen? ... Ich fürchte, ich verstehe nicht."

„Es gibt dort Ruinen, die Reste alter Bauwerke. Ich möchte sie freilegen."

Der alte Mann schwieg.

„Ich zahle jedem Arbeiter neun Piaster täglich. Die Arbeit beginnt um halb sechs Uhr früh und endet um halb sechs Uhr abends. Es gibt eine Frühstückspause von einer halben Stunde und anderthalb Stunden Mittagspause."

Der alte Mann rührte sich nicht. Seine scharfen Augen ruhten abschätzend auf Schliemann.

„Neun Piaster?" murmelte er schließlich.

„Was hat er?" fragte Schliemann leise. „Ich wette, keiner der Männer hat jemals in seinem Leben so viel Geld an einem Tag verdient."

„Gerade das macht ihn mißtrauisch", sagte Sophia. „Aber versuche gar nicht erst, ihm das zu erklären."

„Wie viele Arbeiter wollen der Herr?"

„So viele, wie ich bekommen kann."

Wieder traf ihn der prüfende Blick des Greises.

„Es ist nicht gegen das Gesetz", half Schliemann. „Hier ist der Firman der türkischen Regierung in Konstantinopel." Er faltete die Grabungserlaubnis auf und zeigte sie dem Ortsvorsteher.

„Ich kann nicht lesen", murmelte der Greis. „Es werden morgen einige Männer kommen."

„Einverstanden. Ich zahle für sie im voraus." Er zog seine Geldtasche nach vorn und zählte dem alten Mann den Tageslohn für zehn Arbeiter in die zitternde Hand.

Sie hatten für den Spätnachmittag eine Kutsche bestellt, die sie in der Nacht nach Ciplak brachte, ein Städtchen mit engen, gewundenen Gassen, gerade breit genug für ihren Wagen. Niemand zeigte sich, kein Mensch schien mehr unterwegs zu sein.

„Wirst du das Haus finden?" fragte Sophia besorgt, während sie sich gegen ihn drängte. „Für mich sehen hier alle gleich aus."

„Dort!" sagte er. „Es ist das einzige zweistöckige Haus

im Ort und nicht zu verfehlen."

Auf Schliemanns Zuruf bog der Kutscher in einen offenen, ungepflasterten Hof. Der Wirt erwartete sie unter der Haustür. Er hatte offensichtlich schon geschlafen, und sein stoppeliges Gesicht zeigte, wie wenig ihm die späte Ankunft gefiel.

Die Begrüßung war daher kurz und ohne Herzlichkeit.

„Sorgen Sie dafür, daß das Gepäck nach oben geschafft wird", sagte Schliemann in einem bestimmenden Ton, während er den Kutscher entlohnte. Er zahlte gut und war nicht gesonnen, sich irgendwelche Unfreundlichkeiten gefallen zu lassen.

Der Raum war niedrig, weiß verputzt und enthielt, wie er es gefordert hatte, zwei Betten, die nebeneinanderstanden, einen Schrank, dazu drei Stühle und einen Tisch. Das alles sah recht ordentlich aus. Doch Schliemann blieb nach seinen Erfahrungen mißtrauisch. Mit einer der beiden Öllampen leuchtete er die Wände ab, während Sophia Bettlaken und Kissen aus dem Koffer holte.

„Sieh dir das an!" rief er.

„Wanzen", flüsterte sie bestürzt. „Die Betten wimmeln von Wanzen. Es müssen einige hundert sein."

„Ohne die auf der anderen Seite der Matratzen. Sie sind die Geißel des Orients."

Sie starrte ihn an. Helle Verzweiflung in den Augen. „Aber das ist ja entsetzlich! Morgen sehen wir aus, als hätten wir die Masern ... Warum habe ich auch keine eigenen Matratzen mitgebracht!"

Sie halfen sich fürs erste damit, daß sie die Matratzen auf beiden Seiten mit Öl bestrichen und danach mit Alkohol einpinselten. Dann packte Sophia sie fest in die Laken, legte ein zweites Paar Tücher darüber, erst dann holte sie die Wolldecken.

Das Ganze dauerte länger als eine Stunde, und sie hatten die Fenster öffnen müssen, um den Öl- und Alkoholgeruch ertragen zu können. Tapfer blinzelte sie die Tränen zurück, während sie die Öllampe löschte. O Gott, so hatte sie sich den Beginn ihrer Ausgräberarbeit nicht vorgestellt! Sie war zutiefst enttäuscht und todmüde. Gleichzeitig fühlte sie, daß sie nicht einschlafen konnte, während sie durch das offene Fenster blickte.

Plötzlich spürte sie die Hand ihres Mannes auf der ihren.

„Du wirst es schon schaffen", flüsterte er. „Glaub' mir das, mein Herz."

Pünktlich trafen am nächsten Morgen neun Arbeiter aus Erenkoi ein. Sie kamen auf Eseln oder zu Fuß und trugen die Tracht ihrer Heimat: bauschige Hosen, die bis zu den Waden reichten, weiße Strümpfe, ein weißes Hemd, darüber eine kurze, weite Jacke, eine breite Schärpe um die Hüften, derbe Schuhe mit aufwärts gebogenen Spitzen und auf dem Kopf eine kleine runde Kappe.

Schliemann hatte sich schon bei seinem ersten Besuch für das nordwestliche Ende des Hügels entschieden. Es war sicher nicht der bequemste Ort zum Graben. Gerade hier gab es sogar besonders viel Schutt, vom Regen und dem Schnee der Jahrtausende herabgeschwemmt. Doch unmittelbar darüber stieg der Hügel zu seiner größten Höhe auf. Wenn es besondere Bauten gab, dann hier.

Der Hang, den sie hintereinander erkletterten, war steil und mit stacheligem Gestrüpp bewachsen. Einzelne Bäume ragten empor, und die Arbeiter schlugen zunächst einen Pfad bis zu der halben Höhe, auf der Schliemann mit der Grabung beginnen wollte.

Die eigentlichen Arbeiten begannen am späten Vormittag: Die vier kräftigsten Männer lockerten mit Spitzhacken einen fünf Meter breiten, flachen Graben auf, zwei andere schaufelten den Schutt in geflochtene Körbe, und die übrigen schleppten die Körbe hangabwärts zur Ebene, wo sie sie auskippten.

Die Männer mühten sich nach Kräften bis zur Mittagspause. Doch es war klar, daß sie zu wenige waren, um auf rasche Fortschritte hoffen zu können. Der Hang war von unterschiedlicher Beschaffenheit. Es gab Stellen, die mit Steinen übersät waren, scharfkantigen Bruchstücken, die durch die Schuhe schmerzten, dann wieder andere Strecken, bei denen sie bis zu den Knöcheln in den weichen Schutt einbrachen, und dazwischen Wurzeln und Ranken, die die Männer mit ihren Körben straucheln ließen.

In der Mittagspause suchten sich die Männer einen Ort abseits der Schliemanns, und während sie aßen, rauchten und schließlich in der schattenlosen Hitze dösten, packte auch Sophia ihre Vorräte aus: Ziegenkäse, Oliven, gesalzene Sardinen, dazu Brot und eine Flasche griechischen Wein.

„Ich habe mir heute morgen noch einmal den Hügel angesehen", sagte sie. „Es gibt wenigstens zwei Dutzend Stellen, an denen wir es mit dem Graben bequemer hätten. Hast du einen besonderen Grund, gerade hier zu beginnen?"

„Allerdings. Ob er jedoch stichhaltig ist, werden erst

die Ergebnisse zeigen." Er schob eine Olive in den Mund. „Siehst du, nach allem, was Homer schreibt, war Troja nicht nur eine Stadt, sondern auch eine Festung, mit strategischem Weitblick auf einem Hügel erbaut ... Wenn es aber so ist, dann wäre es sinnlos, mit den Grabungen in der Ebene zu beginnen. Wir hätten dann immer nur gewachsenen Boden vor uns."

Sie nickte. „Das leuchtet mir ein. Trotzdem noch eine Frage. Warum gerade da, wo der Höhenzug zu seiner größten Höhe aufsteigt? Man könnte meinen, du suchst die Schwierigkeiten."

„Ich nehme an, daß sich dort besondere Bauwerke befinden. Vielleicht die Akropolis, der Palast des Königs oder auch ein Wachtturm ... Aber wie gesagt, das alles sind Annahmen. Es kann auch ganz anders sein. Nur irgendwo aufs Geratewohl zu beginnen, halte ich für das Dümmste, was man tun kann."

„Mit den wenigen Leuten werden wir uns allerdings auf lange Fristen einrichten müssen, fürchte ich."

Jetzt lachte er. „Keine Sorge, meine kleine Taube! Unser Lohn ist die beste Werbung. Die neun Piaster täglich werden sich herumsprechen. Und selbst wenn die Männer nicht wollten, werden sie die Frauen aus dem Haus treiben."

Er sollte recht behalten. Am nächsten Morgen erschienen fünfunddreißig Arbeiter. Schwierig wurde es nur dadurch, daß jetzt die Schubkarren, Spitzhacken und Schaufeln nicht mehr reichten, die er aus Griechenland mitgebracht hatte. Er stellte darum fünfzehn Männer dazu an, den Schutt in Körben hangabwärts in die Ebene zu schaffen. Die Männer keuchten und stöhnten unter ihren Lasten. Immer wieder stolperten sie, und einzelne stürzten.

„Wenn du ein paar saftige Flüche auf griechisch lernen willst, brauchst du ihnen nur zuzuhören“, sagte Sophia.

„Warum nicht?“ meinte er. „Man lernt nie aus. So eine Bemerkung, zur rechten Zeit eingeflochten, schafft Respekt.“

An einem der nächsten Tage erschien auch der Beauftragte der türkischen Regierung. Er hatte am Abend zuvor in Ciplak ein Zimmer bekommen und stellte sich als Georgios Sarkis vor. Unter dem Arm trug er ein dickes Notizbuch, in das er alle Funde eintragen wollte, die für das Osmanische Museum in Konstantinopel von Bedeutung sein konnten, denn dem Museum stand laut Vertrag die Hälfte aller Entdeckungen zu.

Doch es gab nichts zu tun für ihn, keine Funde, keine Entdeckungen von Wert. So stolperte er denn mißmutig und gelangweilt über den Hang, behinderte die Leute und verfluchte sein Schicksal, das ihn dazu zwang, in dieser Wildnis auszuharren. Er war Armenier und, obwohl türkischer Beamter, den Türken keineswegs freundlich gesonnen. Hinzu kam, daß er das ganze Unternehmen dieses reichen, halbverrückten Ausländers für vergeudet und sinnlos hielt.

Doch dann, an einem Spätnachmittag der zweiten Woche, die schräge Sonne stach wie mit Nadeln, sah Sophia auf einer Schaufel Erde etwas aufblinken. Das konnte nur Metall sein! Noch ehe sie zugreifen konnte, landete die Erde in einem der Körbe. Sie durchwühlte den Schutt und fand mehrere Münzen. Sie waren dick verkrustet, aber offensichtlich aus Kupfer oder Bronze.

Ihr Herz klopfte vor Freude, und sie lachte, als sie ihrem Mann die Funde zeigte. „Trojanische Münzen!" rief sie. „Sieh nur, wir sind auf der richtigen Spur."

„Schön wäre es." Schliemann rieb die Münzen blank. „Leider beweisen sie wenig. Sie sind sehr viel jünger als das Troja, das wir suchen. Es sind griechische und römische Münzen ... Siehst du, das ist Athene mit Helm und Speer. Und hier ist die römische Wölfin, die Romulus und Remus säugt ... Und das ist Apollon mit der Lyra in der Hand. Hier ist Hektor mit Schwert und Lanze."

„Dann sind die Münzen also nichts wert?" fragte sie enttäuscht.

„Wert haben sie schon. Es sind echte Sammlerstücke, und manche Sammler würden viel für sie geben, zumal es mit Sicherheit keine Fälschungen sind. Nur sind sie eben nicht aus der Zeit, die wir suchen ... Die ersten trojanischen Siedlungen entstanden wahrscheinlich um zweitausend vor Christus. Den Höhepunkt erreichte die trojanische Kultur um 1200 vor Christus zur Zeit des Königs Priamos. Und damals gab es noch keine Münzen, nur Tauschhandel — Ware gegen Ware."

„Aber was schließt du aus meinen Funden?"

„Daß der Untergang Trojas, wie ihn Homer schildert, nicht endgültig war, daß die Griechen die Stadt wieder aufbauten, daß sie erneut zerstört und wiedererrichtet wurde. Es muß also mehrere Trojas übereinander geben, die im Abstand von Jahrhunderten entstanden. Die Münzen, die du gefunden hast, stammen aus der griechisch-römischen Epoche. Und wir sind noch viele Meter von dem Troja entfernt, das wir suchen."

„Schade! Und ich dachte, ich hätte eine erste Spur entdeckt", sagte sie.

„Die Münzen helfen uns, diese Schicht zu datieren. Sie sind uns also schon eine Hilfe und haben ihren Wert. Außerdem würdest du bei allen Münzsammlern der Welt einen guten Preis für sie erzielen."

„Darf ich sie behalten?"

„Warum nicht! Nur mußt du aufschreiben, wo und in welcher Tiefe du sie gefunden hast. Das kann wichtig werden."

Auch in den nächsten Wochen fanden sie immer wieder Münzen und Medaillen aus ganz verschiedenen Epochen. Sophia reinigte sie und verwahrte sie in datierten Briefumschlägen. In einer Tiefe von zehn Metern stießen sie auch auf kleine regelmäßige Terrakottastücke, alle zwischen sieben und zehn Zentimeter groß, die rot-, gelb-, grau- oder schwarzgefärbt waren. Jedes besaß zwei Löcher, durch die ihre Besitzer einstmals eine Schnur gezogen hatten. Sophia wusch sie behutsam mit Wasser, und jetzt zeigte es sich, daß sie feine Ritzzeichnungen trugen: Vögel, Pferde, ein Mädchen, das die Arme sittsam über der Brust gefaltet hielt, Rehe, Kinder. Sie studierten sie gemeinsam unter der Lupe. Es waren sehr kunstvolle Zeichnungen darunter, die zeigten, daß sie von wirklichen Könnern gefertigt waren.

Schliemann gestand, daß er noch in keinem Museum der Welt ähnliche Stücke gesehen hatte. „Vielleicht sind es Weihegeschenke, die man entweder im Tempel erwarb oder dort aufhängte. Vielleicht gebrauchte man sie auch als Wandschmuck oder trug sie an der Schnur um den Hals."

„Wie alt sind sie? Für mich sehen sie sehr alt aus."

„Das sind sie auch. Aber mehr läßt sich heute nicht darüber sagen, befürchte ich. Ziehe durch jedes Stück eine Schnur und befestige daran einen Zettel mit dem Datum und einem Vermerk über den Fundort. Vielleicht können wir sie dann irgendwann einer bestimmten Epoche zuordnen."

Bald fanden sie die ersten Töpfe, kleine einfache Gefäße aus Ton, manche sogar unversehrt; aber die meisten waren zerbrochen. Sie sammelten die Scherben und numerierten die Fundorte. Irgendwann während der grabungsfreien Zeit, die langsam näher rückte, wollten sie dann versuchen, die Bruchstücke zusammenzusetzen.

Die nächsten Funde waren noch verwirrender. Es waren Terrakottafiguren in der Form von Kegeln und Halbkugeln. Manche sahen wie Kinderkreisel aus, die man mit Peitschen zum Drehen bringt. Alle waren zwischen zwei und sechs Zentimeter groß und hatten ein Loch quer durch die Mitte.

Unterhalb einer Tiefe von sieben Metern stießen sie auf die Ruinen von Häusern. Sie waren in Schichten übereinander erbaut worden, eines immer auf den Trümmern des anderen. Zum erstenmal standen sie inmitten einer Stadt, wahrscheinlich sogar mehrerer Städte. Ein nie gekanntes Gefühl erfüllte beide. Die schwarzen, grauen und braunen Ruinen erstreckten sich nach allen Richtungen und verloren sich in einer so vollkommenen Stille, daß sie sich in geradezu beklemmender Weise ihrer Vergänglichkeit bewußt wurden. Hier hatten Jahrhunderte hindurch Menschen gelebt, geheiratet, Kinder bekommen und ihre Viehherden betreut. Nichts war von ihnen allen geblieben, nur ein paar Steine und Aschenreste. Es mußten einfache Häuser gewesen sein, die meisten aus Holz und Lehm errichtet und mit Stroh oder Gras gedeckt. Die Aschespuren zeigten, daß hier immer wieder gewaltige Brände gewütet haben mußten: ein Funkenflug, und die Katastrophe war nicht mehr aufzuhalten gewesen, das Löschen sinnlos. Wem die Flucht gelang, der hatte mit seiner Habe die Stadt verlassen und in der Umgebung gewartet, bis das Feuer aus Mangel an Nahrung schließlich erloschen war, um dann sein Haus wieder aufzubauen. Das hatte sich sogar ohne große Schwierigkeiten machen lassen: Die Wälder waren nahe gewesen, und Holz gab es in Menge.

In der Stadt stießen sie auch auf rätselhafte Knochenreste, die Rückenwirbel riesiger Säugetiere oder Fische. Schliemann prüfte die Struktur der Knochen: „Haifischwirbel", stellte er fest. „Kaum zu glauben, aber sie beweisen, daß es im Ägäischen Meer einmal Haifische gab."

Dann am 30. Oktober, während Sophia schon die Koffer zur Rückreise nach Athen packte, legten sie einen Graben zur Kuppe des Hügels an. Der Graben war fünf Meter tief und lief bis zu einer Höhe von fünfunddreißig Metern empor. Stumm stand Schliemann dabei, während die Männer arbeiteten. Er war auf unbekanntem Boden, und der Gedanke, daß keines Menschen Fuß diese Erde seit Jahrtausenden betreten hatte, erfüllte ihn mit einer tiefen, instinkthaften Erregung. Sie steigerte sich mit jeder Schaufel, die seine Leute tiefer in die Vergangenheit vordrangen. Doch nichts von Bedeutung wurde gefunden, und ganz allmählich ergriff ein anderes Gefühl von ihm Besitz: Enttäuschung, ja Furcht. Keine Spur der

Bauwerke, mit denen er so sicher gerechnet hatte, weder Paläste noch Tempel. Keine seiner Annahmen bestätigte sich. Was hatte er falsch gemacht? Wo lag der Fehler? Und dann kam die Stunde, da die Männer statt der antiken Kunstgegenstände primitive Steingeräte freilegten: Lanzen aus Diorit, Steinäxte, Granitgewichte, Steinmesser, Steinhämmer und Steinsägen sowie Nadeln und Ahlen aus Knochen.

Schliemann starrte auf die Funde. Sein Herz schlug plötzlich überrasch. War das das Ende seiner Hoffnungen? Steingeräte! Die Hitze und die Enttäuschung trieben ihm das Blut in den Kopf, seine Knie zitterten vor Müdigkeit. Es war fast unerträglich. Ein Leben lang hatte er an die Stadt Homers geglaubt, und die Hoffnung, sie freizulegen, hatte ihn all die Jahre begleitet. Sollte er sich so geirrt haben? Unter der tiefen Enttäuschung, die ihn erfüllte, lag noch ein anderes Gefühl, eine Mischung aus Verzweiflung und Entsetzen, wie er es bis dahin in dieser Stärke nie verspürt hatte. Alles umsonst — die Hoffnungen und die jahrzehntealten Träume.

Am Abend kam Sophia zu ihm, während er vor den Funden hockte. Vertrauensvoll legte sie den Arm um seine Schultern. Er spürte den Druck ihres jungen, straffen Körpers, doch ihre Augen schimmerten gequält.

„Was meinst du?“ fragte sie leise. „Wie kann das goldene Troja, die Stadt der Helden, unter einer Steinzeitzivilisation liegen? Könnte es sein, daß es das Troja, das du gesucht hast, gar nicht gibt?“

„Nein“, sagte er schroff. „Es gibt dieses Troja.“

Sie schwieg.

Er wandte sich langsam um und sah sie an.

„Das darf nicht sein." Nun, da er sie vor sich sah, gelang es ihm, seine Verzweiflung unter Kontrolle zu bekommen. „Ich denke da an etwas anderes ... Da überfällt ein kraftvolles, aber primitives Barbarenvolk die Stadt und erobert sie. Die Sieger zerstören die Stadt, äschern sie ein. Wir finden einige ihrer Werkzeuge und Waffen. Doch was bedeutet das schon? Das Troja, das wir suchen, ist älter. Es liegt tiefer ... sehr viel tiefer. Ich denke, das ist eine Erklärung, an die wir uns halten können. Mit ihr kann man leben, wenigstens bis zum nächsten Jahr."

Er hatte mit ruhiger, ausdrucksloser Stimme gesprochen; mehr zu sich selbst als zu ihr, begriff sie. Er war allein darauf bedacht, eine These zu entwickeln, die ihm nicht den Boden unter den Füßen wegzog.

„Du willst also weitermachen?" fragte sie leise.

„Gewiß. Meine Annahme, den Stadtkern hier zu finden, war offensichtlich falsch. Im nächsten Jahr bleiben wir auf der nördlichen Seite des Hügels und beginnen fünfzehn Meter tiefer. Wir graben dann nach Westen. Von dort aus arbeiten wir uns horizontal weiter und machen aus der westlichen Zone eine Terrasse."

Sie nickte. Er warf ihr einen raschen Blick zu. Sehr überzeugt schien sie nicht.

Funde und Irrtümer

Schon im April des nächsten Jahres kehrte Schliemann in die Türkei zurück. Die tiefe Enttäuschung über die letzten Funde hatte einer heftigen Ungeduld Platz gemacht. Er wollte graben, weil er einen Erfolg brauchte, und er wollte ihn rasch.

Doch er war zu früh gekommen, mußte er feststellen. Die Winterregen waren noch nicht vorbei, und wohin er auch kam, watete er durch knöcheltiefen Schlamm. Die Steppe hatte sich in einen Sumpf verwandelt, und in den Gräben glänzten tiefe, dunkelbraune Pfützen. Mißmutig und ungeduldig stapfte er umher. Schon nach wenigen Minuten war er regelmäßig bis auf die Haut durchnäßt.

Das Haus am Rande des Hügels von Hissarlik, das er in Auftrag gegeben hatte, war noch nicht fertig. Er schlief darum in der kleinen Hütte, die er für die Geräte hatte bauen lassen. Doch das Dach war nicht für schwere Regen gebaut, und so tropfte es ständig auf ihn herab. Anfangs hatte er versucht, die Rinnen und Ritzen abzudichten, es aber dann als aussichtslos aufgegeben. Zum Glück war Sophia noch in Athen geblieben. Sie würde erst später nachkommen.

So schritt er denn, den nassen Hut tief in die Stirn gedrückt und bis zu den Hüften mit Schlamm bespritzt, zwischen dem Hausneubau und dem Hügel hin und her. Das Blattwerk der Bäume um ihn war in stetigem Aufruhr, und der bleierne Himmel erschien unheilvoll. Vielleicht würden die Gräben und Stollen einstürzen, wenn es in dieser Weise weiterregnete. Und er konnte nichts tun. Die Türken hatten ihm versichert, in nicht einmal einer Woche seien die Regen endgültig vorüber. Doch er vermochte nicht daran zu glauben.

Und dann war die Sonne plötzlich da, und mit ihr kamen die neuen Arbeitsgeräte, die er in London bestellt hatte: sechzig massive Schubkarren, einhundert Spaten, rund einhundert Spitzhacken, Ketten, zwei Dutzend Eisenhebel, Hebespindeln und Förderhaspeln. Außerdem hatte er ein kleines Dampfschiff angeheuert, die „Taxiarchis", die einen regelmäßigen Pendelverkehr zwischen Piräus und der Ägäis für ihn aufnehmen würde.

Zwei Tage nach dem Ende der schweren Regen setzte er die Arbeiten fort. Sophia kam Anfang Mai. Er holte sie in Canakkale ab. Sie erschrak, als sie ihn am Laufsteg stehen sah.

Sein Anzug schien für einen anderen gemacht; er schlug deutliche Falten über der Brust und wirkte um zwei Nummern zu groß. Schliemann hatte auch zu wenig geschlafen. Doch das war es nicht allein. Sein Gesicht war zwar gebräunt, das verständliche Ergebnis seines Aufenthaltes in der Sonne, doch da war in den letzten Wochen eine neue Schattierung hinzugekommen, eine leise Spur beginnenden Alterns. Es fiel anderen durchaus nicht auf, stellte sie fest. Er war seit jeher hager gewesen: ausgeprägte Backenknochen mit etwas eingefallenen Schläfen, eine knochige gewölbte Stirn. Nur seine Augen, kaum dunkler blau als Meerwasser, zeigten keinerlei Einbußen ihrer alten Energie und Konzentration. „Sorgen?“ fragte sie. „Hast du große Sorgen?“

„Wann gäbe es die nicht.“ Er lächelte.

Ein Pferdewagen brachte beide in das neue Haus, das inzwischen fertig geworden war. Dann führte er sie über den Hügel. Die Ergebnisse waren beachtlich, und vieles hatte sich verändert: Neue Mauern ragten auf, Gräben waren vertieft worden; andere hatten die Männer neu angelegt, dazu kleinere und größere Terrassen.

Er führte sie zur Südseite des Hügels, wo bis zur Mitte des vierten Jahrhunderts eine blühende Stadt bestanden hatte: Novum Ilium — Neu Ilium. Ein Trupp von mehr als vierzig Arbeitern legte hier einen Graben an. Die Arbeiten wurden von einem Mann überwacht, den sie noch niemals gesehen hatte.

„Wer ist das?“

„Das ist Georgios Photides, ein Landsmann vor dir, aber aus dieser Gegend. Er arbeitete sieben Jahre in den australischen Minen, sagte mir, er habe auch Erfahrungen im Tunnelbau. Einen solchen Fachmann wollte ich mir nicht entgehen lassen. Ich bin sehr zufrieden mit seiner Arbeit.“

Sie schüttelten einander die Hand. Photides trug noch seinen australischen Grubenhelm und kurze englische Stiefel. Er führte Sophia zu einem Ort, an dem er eigens wegen ihr nicht weitergegraben hatte.

Verblüfft blickte sie auf die zehn riesigen Tonkrüge, jeder fast zweieinhalb Meter hoch und an der breitesten Stelle anderthalb Meter im Durchmesser, die noch an ihren alten Fundorten standen.

„O mein Gott, so etwas habe ich noch nicht gesehen!“ rief sie. „Weiß man etwas über ihr Alter?“ Sie fuhr mit den Fingerspitzen über den orangefarbenen Ton.

„Etwa dreitausend Jahre“, sagte Schliemann stolz. „Sind sie nicht schön?“

„Überwältigend“, flüsterte sie. „Wunderbar ... Und makellos erhalten. Wozu dienten sie? Ich meine, was machte man mit ihnen?“

„Es sind Vorratskrüge — vielleicht für Wasser, vielleicht auch für Olivenöl oder Getreide.“

„Arme Frauen!“ lachte sie. „Das war ja lebensgefährlich für sie, wenn sie an die Vorräte heranwollten. Haben sie eine Leiter benutzt?“

„Nein, nein“, wehrte Schliemann ab. „Im Gegenteil! ... Die Frauen mußten sich sogar hinknien, denn die *pithoi*, wie man sie nennt, waren in den Fußboden eingelassen. Du mußt dir vorstellen, daß die normalen Häuser nur einen einzigen Raum besaßen. Die Feuerstelle befand sich in der Mitte, und man grub die Krüge kreisförmig um sie herum ein. Dabei befand sich der obere Rand auf gleicher Höhe mit dem Fußboden.“

Sie kehrten in ihr neues Haus zurück. Erst jetzt hatte sie die innere Ruhe, es in Augenschein zu nehmen. Es bestand aus drei Räumen: dem Schlafzimmer, einem Eßzimmer und dem Arbeitsraum. Die Küche war in einem der beiden Nebengebäude. In dem zweiten wohnten die Vorarbeiter. Sophia hatte eine große Matratze mitgebracht, dazu Decken und Handtücher, außerdem Teller und Tassen sowie Bestecke. Die Zeit, in der man sich an allen Ecken und Enden beholfen hatte, sollte vorbei sein.

In Schliemanns Arbeitszimmer waren sogar Regale aufgestellt.

Hier lagen auch die Funde der letzten Wochen, geordnet und sorgfältig registriert: verschiedene Schmuckstücke, darunter eine silberne Kleidernadel, ein Jagdspeer, Kupfernägel, verschiedene Teller, manche schwarz, andere gelb oder braun, Vasen mit menschlichen Gesichtern, Urnen, ein Krug mit schnabelähnlicher Tülle, mehrere Siegel und schließlich Hunderte von Scherben aller Größen.

Sie wandte sich ab. „Ich glaube, für heute habe ich genug gesehen. Mir ist ganz schwindelig von all den Neuigkeiten ... Ich denke, ich sollte uns jetzt etwas zu essen machen."

„Nicht nötig", sagte er und strahlte sie an. „Das hat schon Polyxene besorgt. Sie wird dir künftig zur Hand gehen."

„Polyxene? Wer ist das?" fragte sie überrascht. Sie hörte ein Geräusch hinter sich und fuhr herum.

Vor ihr stand ein Mädchen, vielleicht auch eine junge Frau, gerade sechzehn Jahre alt, mit großen dunklen Augen und schwarzen Haaren.

„Sie ist die Frau unseres Vorarbeiters Yannakis. Unter seiner Leitung entstand auch unser Haus, er hat den Ofen angeschlossen und die Regale gebaut. Er ist ein Mann von vielen Talenten. Er sagte mir, er habe Polyxene geheiratet, damit sie uns nicht davonläuft."

„Sehr praktisch!"

„Ihre Sklavin ...", flüsterte die junge Frau und sank zu einem tiefen Knicks mit dem Knie auf den Boden.

„Na, na, na ...", lachte Sophia. „Eine Sklavin brauche ich nicht. Es genügt schon, wenn du mir im Haushalt hilfst."

Die junge Frau lächelte mit niedergeschlagenen Augen. Sie trug ein weißes Hemd mit langen Ärmeln, einen Rock, der bis zum Boden fiel, und ein Kopftuch. Sie reichte Schliemann gerade bis zu den Schultern.

„Ich hoffe, wir werden uns gut vertragen." Sophia gab ihr die Hand.

„Gewiß, Kyria Schliemann."

„Und ein Abendessen hast du auch schon vorbereitet, höre ich. Na, dann laß uns mal sehen. Hunger habe ich jedenfalls mitgebracht."

Es gab weiße Bohnen mit dampfendem Schaffleisch, dazu eine Flasche griechischen Wein und später Kaffee.

„Und wie geht es jetzt weiter?" fragte sie schließlich.

„Wir graben, wie du gesehen hast, von der Ebene nach oben", erklärte er, „ungefähr bis zu einer Höhe von fünfzehn Metern. Ich nehme an, dort erreichen wir den gewachsenen Boden des Hügels. Dann graben wir uns quer über den Hügel. Diese Arbeit leitet Photides. Die anderen Trupps graben ihm entgegen. Dabei kann uns nichts Wichtiges entgehen, denke ich."

„Klingt überzeugend", meinte sie.

Er lachte. „Es ist überzeugend!"

Doch die Zuversicht dieses ersten gemeinsamen Abends dauerte nicht an. Der große, alles entscheidende Fund, der auch die letzten geheimen Zweifel beseitigt hätte, wollte nicht gelingen. Die Tage vergingen in öder Gleichförmigkeit. Und nichts änderte sich: Nur ein paar Schmuckstücke hier, eine zerbrochene Vase dort, dazu Hunderte von Scherben, die nichts bewiesen.

Schliemann wurde reizbar. Nach den aufregenden und begeisternden Grabungen der ersten Woche, war die tägliche Arbeit jetzt zur lästigen Routine geworden. Auch in ihrem Verhalten zueinander war eine Veränderung eingetreten; sie hatte sich langsam, unmerklich fast, vollzogen. Das Ergebnis war, daß er kaum mehr über die gemeinsame Arbeit sprach, daß er über seine Pläne und Hoffnungen hartnäckig schwieg und statt dessen stumm, mit eisernem Gesicht, über den Hügel von Gruppe zu Gruppe stapfte.

Nachdem sich die Grabungen von Woche zu Woche hinschleppten, ohne einen Durchbruch zu erzielen, sah er jetzt stärker auf die Einhaltung der Disziplin. Was ihn vor allem störte, waren die ständigen Rauchpausen, die die Männer einlegten.

Er stellte fest, daß jeder Mann durchschnittlich dreimal in jeder Stunde sein Arbeitsgerät beiseite legte, um sich eine Zigarette zu drehen und sie genußvoll zu rauchen.

„Das geht nicht!“ erklärte er Sophia. „Wir verlieren mehr als zehn Minuten von jeder Stunde allein durch ihr Rauchen. Das werde ich abstellen.“

Sie war glücklich, daß er mit ihr überhaupt dieses Problem besprach, und erwog behutsam ihre Antwort. „Und wie willst du das machen? Keine ganz leichte Sache, könnte ich mir denken.“

„Im Gegenteil! Nichts leichter als das. Ich werde ihnen das Rauchen während der Arbeitszeit verbieten.“

„Sei vorsichtig!“ warnte sie. „Bei aller Armut, die unter den Leuten herrscht, besitzen sie auch ihren Stolz. Und den solltest du nicht verletzen. Das kann zu unabsehbaren Folgen führen.“

„Unabsehbare Folgen?“ Er lachte bitter. „Und worin

könnten die bestehen? ... Da bin ich aber neugierig. Vielleicht kannst du mir das einmal sagen."

„Das kann ich nicht", erwiderte sie. „Trotzdem möchte ich dich warnen."

„Hast du dir einmal ausgerechnet, was uns das jeden Tag kostet? Nimm nur zehn Minuten pro Stunde, dann haben wir hundert Minuten am Tag. Und multipliziere das mit der Anzahl der Arbeiter, dann kommst du bei hundert Männern auf knapp hundertsiebzig Stunden pro Tag ... Na, wir werden sehen, wer sich durchsetzt."

In der Mittagspause verkündete er, daß er fortan das Rauchen während der Arbeitszeit verbiete. „Das gilt für alle — und von dieser Stunde an", erklärte er mit leiser, gepreßter Stimme.

Für lange Zeit sagte niemand etwas. Die Männer starrten sich in ungläubigem Staunen an. Doch dann waren sie wie aufgepeitscht.

Einer erhob sich und schritt auf Schliemann zu. Seine Stimme war vor Wut belegt.

„Was sagen Sie da? ... Wer gibt Ihnen das Recht dazu? Wie können Sie uns das Rauchen verbieten! Was soll das?" Er stammelte vor Erregung.

Die anderen starrten Schliemann erbittert an. Gellende Pfiffe waren zu hören, andere fluchten laut. „Niemand kann uns das befehlen! Sind wir Kinder? ... Zum Teufel mit diesem Befehl! Tun wir etwa unsere Pflicht nicht? ... Das ist ja, als ob ... als ob ..." Sie suchten nach Worten. „Ist er etwa unser König?"

Schliemann trat unbewußt einige Schritte zurück. Durch die Wucht ihres Widerstandes war er für einen Augenblick in die Verteidigung gedrängt. „Haltet euch zurück!" murmelte er.

Sophia war ihm nachgekommen. Sie verstand die halblauten Flüche und Verwünschungen besser als er.

„Sie weigern sich, den Befehl anzuerkennen", sagte sie. „Sie wollen meutern. Sie sagen, wenn sie nicht rauchen dürfen, werden sie auch nicht arbeiten."

„In Ordnung", sagte er. „Dann sollen sie eben die Arbeit niederlegen. Niemand hindert sie daran."

„Bist du sicher, daß du das nicht bereust?" flüsterte sie. Er senkte trotzig den Kopf. „Sie denken, weil das Wetter gut ist, kann ich mir keine Verzögerungen leisten", murmelte er. „Aber sie werden sich irren."

Der Aufruhr stockte und verblieb für zwei Minuten im ungewissen. Schliemann wandte sich an den Vorarbeiter, der ihm am nächsten stand und sich nicht an den Protesten beteiligt hatte.

„Yannakis, zahlen Sie allen, die aufhören wollen, einen halben Tageslohn aus."

Die Männer tappten redend und gestikulierend hin und her. Die meisten waren unschlüssig und hätten gerne weitergearbeitet. Viele brauchten auch das Geld, an das sie sich gewöhnt hatten, für irgendwelche Anschaffungen.

Doch die Aufrührer setzten sich durch. Schließlich nahmen alle, die aus Erenkoi waren, das Geld. Keiner wagte es, sich auszuschließen, aus Angst vor der Rache der anderen.

Doch sie gingen nicht nach Hause, sondern blieben am Rande der Grabungen stehen und beschimpften die Arbeiter aus den anderen Dörfern, die den Befehl hingenommen hatten. Einige warfen sogar mit Steinen nach den Arbeitswilligen.

Schliemann beobachtete das Treiben der Aufrührer mit ausdruckslosem Gesicht. Er war entschlossen, es nicht bei einer halben Entscheidung zu belassen. Schließlich winkte er Yannakis heran.

Sie starrten sich gegenseitig an.

„Eine harte Entscheidung, Herr“, murmelte der Vorarbeiter. „Zu hart für die Leute, wenn Sie mich fragen.“

Schliemann wußte es. Dennoch ist ein Mann ein Narr, wenn er seine Sache nicht durchsteht, sagte er sich.

„Nehmen Sie eines meiner Pferde und reiten Sie durch die türkischen Dörfer. Bringen Sie alle Leute mit, die bereit sind, für mich zu arbeiten.“

Yannakis zögerte; er schien etwas sagen zu wollen, aber dann schwieg er doch und nickte zustimmend.

Gegen ihre Gewohnheit verließen die Männer aus Erenkoi auch am Abend Hissarlik nicht. Sophia sah, wie sie sich für die Nacht einrichteten.

„Sie wollen morgen früh für die Weiterarbeit bereit sein.“

„Das können sie halten, wie sie wollen.“

„Wirst du sie wieder nehmen, wenn sie darum bitten?“ fragte sie. „Es könnte ja immerhin sein, daß sie sich ihre Entscheidung noch einmal überlegen.“

Er sah sie für eine halbe Sekunde an. „Nein“, erklärte er. „Es bleibt, wie es ist.“

Sophia schlief schlecht in dieser Nacht. Sie fürchtete einen Racheakt der Enttäuschten. Was konnten sie tun, wenn die Männer in ihr Haus eindrangen? Heinrich würde schießen, das wußte sie. Doch die Folgen waren in dieser Wildnis unabsehbar. Blut forderte hier weiteres

Blut. Und wenn die Männer das Haus anzündeten? Alle Vorräte, die Funde, ihre Aufzeichnungen würden vernichtet werden.

Stunde um Stunde lag sie wach und lauschte in die Dunkelheit. Der Wind rüttelte an den Läden. Sie hörte die dumpfen Laute der Eulen, die im Nachbarbaum ein Nest hatten. Ihr Ruf jagte ihr jedesmal einen Schauer über den Rücken.

Gegen Mitternacht erwachte Schliemann. Verschlafen tastete er nach ihr. „Was hast du? ... Warum schläfst du nicht?"

„Ich kann nicht", flüsterte sie. „Ich habe Angst ... O mein Gott, hörst du die Eulen?"

„Aber das sind doch harmlose Vögel und nützlich dazu. Sie tun uns nichts."

„Hörst du ihre Rufe? Sie sind wie das Schicksal selbst ... Unheimlich ... Sie bedeuten Unheil."

„Aber ganz und gar nicht", sagte er. „Die Eule ist das Lieblingstier der Göttin Athene, das Symbol der Weisheit."

„Trotzdem ..." flüsterte sie. „Ich fürchte mich, ich kann dir gar nicht sagen, wie sehr."

„Schon gut", sagte er. „Ich werde dafür sorgen, daß dich die Eulen morgen nicht mehr stören. Ich verspreche es dir. Aber sag mal, sind es nicht vielleicht deine Landsleute aus Erenkoi, die dich nicht schlafen lassen?"

Sie antwortete nicht; aber ihre Schultern zitterten unter seinen Händen.

„Die Leute sind verzweifelt", sagte sie schließlich. „Sie hatten nicht damit gerechnet, daß du sie wirklich entlassen würdest ... Sie tun mir leid."

„Das ehrt dich, und ich verstehe es auch", sagte er begütigend. „Glaub mir, ich habe auch nichts gegen sie, gar nichts ... Aber so konnte es nicht weitergehen. Zuerst die Rauchpausen, aber von denen will ich jetzt nicht reden. Dann die Regenpausen —"

„— aber dafür können sie nichts!"

„Richtig! Und dann die Feiertage! Sonntags arbeiten sie grundsätzlich nicht. Gut, damit habe ich mich abgefunden. Aber jeder vierte oder fünfte Tag ist irgendeinem Heiligen geweiht. Und schon erscheinen sie nicht, weil sie seine Strafe fürchten."

„Es sind sehr religiöse Menschen hier", wandte sie ein. „Ihnen bedeutet der Glaube wirklich noch etwas."

„Auch dagegen habe ich nichts", sagte er. „Das weißt du. Ich kann es mir aber nicht leisten, so viele Tage zu verlieren. Wie rasch ist die Regenzeit wieder da, und dann ist alles für ein weiteres Jahr gelaufen."

„Noch brauchen wir nicht daran zu denken."

„Verzeih, ich tue es aber. Ich denke sogar ständig daran."

„Das weiß ich", flüsterte sie.

Am nächsten Morgen erschien Yannakis schon kurz nach Sonnenaufgang mit hundertfünfzig türkischen Arbeitern. Ungläubig starrten die Griechen auf die Fremden. Sie hatten verloren und waren entlassen! Endgültig entlassen. Sie rafften ihr Eigentum zusammen und verließen den Hügel. In einer langen Reihe, einer hinter dem anderen, machten sie sich auf den Weg zu ihren Dörfern, einige auf Eseln, aber die meisten zu Fuß.

Schliemann beobachtete ihren Abmarsch. Sie hatten sich ihm widersetzt, darum mußten sie gehen. Eine andere Entscheidung gab es nicht, wenn er im Orient nicht sein Gesicht verlieren wollte, sagte er sich. Aber der Sieg begann bereits, seinen Reiz zu verlieren. Ein gewisses Bedauern und kleine, absonderliche Vorbehalte vergällten ihm die Freude über den Sieg.

Die Kette der Mißhelligkeiten riß nicht ab. Wenige Tage später brach einer der Erdwälle zusammen und begrub eine Schutzhütte unter sich, in der sich gerade zwei Männer aufhielten, die ihre Werkzeuge schärften.

Sophia war als erste an der Unglückstätte. Als Schliemann kam, rief sie: „Ich habe Stöhnen gehört. Die beiden leben noch." Jetzt kamen auch die anderen Arbeiter heran. Mit ihren Schaufeln gingen sie daran, die Verschütteten auszugraben.

„Laßt die Schaufeln beiseite!" rief Schliemann. „Ihr könntet sie verletzen. Nehmt die Hände!"

Er beteiligte sich selbst an den Bergungsarbeiten und grub sich mit den Händen den Eingeschlossenen entgegen. Gemeinsam mit den anderen erreichte er das Dach der Schutzhütte. Es hatte den Erdmassen widerstanden und den beiden genügend Sauerstoff belassen. Minuten später krochen sie zitternd, aber unverletzt ins Freie.

Schliemann wandte sich ab. Auch ihm zitterten die Knie. Zwei Tote, das hätte ihm noch gefehlt! Der Bericht wäre bis Konstantinopel gegangen. Die Zeitungen wären voll davon gewesen. Es hätte Untersuchungen gegeben, Protokolle, Vorwürfe, vielleicht auch eine Anklage wegen Verletzung der Sicherheitsbestimmungen. Wahrscheinlich hätte man ihm sogar die Grabungen für Monate untersagt.

Er fühlte sich noch immer wie betäubt. Er hatte Kopfschmerzen, und seine Beine waren taub. Der ganze Hügel schien von Hitze erfüllt zu sein, die ihn fast erstickte. Die Freudenschreie der Männer, ihre Jubelrufe rieben wie eine Feile an seinen Nerven. Rasch verließ er die Unglücksstelle.

Die beiden Geretteten kamen hinter ihm her. Er hörte ihr Keuchen und ihre raschen Schritte. Er drehte sich nicht um. Er wollte niemanden sehen. Doch die beiden gaben in ihrem Überschwang nicht auf. Sie holten ihn ein und warfen sich an seine Brust, preßten ihn an sich und rieben ihre unrasierten Wangen an den seinen. Plötzlich küßten sie ihn. Er ließ es geschehen, obwohl ihm ihre verschwitzten, nie gewaschenen Kleider und die Gerüche von Knoblauch und Zwiebeln fast unerträglich waren.

„Gelobt sei Gott! Es war Allahs Wille, Brüder", hörte er sich murmeln. „Ihm allein sei Dank, nicht mir."

Sanft schob er sie von sich ab.

Er zündete eine Zigarre an und streifte umher. Hinter sich hörte er noch immer die Männer lärmen. Sie lachten wie Kinder und wurden nicht müde, die Rettungsarbeiten lautstark zu diskutieren. Niemand arbeitete. Ein müdes Lächeln huschte bei dem Gedanken über sein Gesicht, wie er wohl sonst auf diese Pause reagiert hätte. Im Augenblick fehlte ihm die Energie dazu. Einen flüchtigen Augenblick lang streifte ihn sogar ein leises Bedauern, daß er nicht so sein konnte wie sie, mit keinem Gedanken über den Tag hinaus beschäftigt, ohne Zukunftspläne und ohne Ehrgeiz, und von nichts Hassenswerterem erfüllt, als nach der Mittagspause wieder zur Schaufel greifen zu müssen. Eine seltsame, nicht zu ihm passende Stimmung hatte ihn jäh überfallen und eine neue Art nachsichtigen Selbstmitleids in ihm geweckt.

Schließlich nahm er den Weg zur Küste, stapfte durch den weißen Sand und stieß geistesabwesend einen Stein vor sich her. Draußen auf dem Meer schwammen einige Segler träge in der Hitze. Die Farbe des Wassers hatte sich vom Blau des frühen Morgens in helles Silber verwandelt, und die Sonne brütete wie eine weiße Wolke darüber.

Er setzte sich und schlang die Arme um die Knie. Blicklos starrte er die Küste entlang. Das Versorgungsschiff war seit einem Tag überfällig, fiel ihm ein. Sie brauchten frische Vorräte, Fleisch, Gemüse, Kartoffeln, Reis. Aber mehr noch vermißte er die Zeitungen und Briefe, die ihn mit der Welt verbanden.

Doch erst am Nachmittag des nächsten Tages legte die „Taxiarchis“ in der Bucht von Hissarlik an. Der Kapitän selbst brachte ihm die Post, darunter auch eine Nummer der Athener „Newspaper of the Debates“, jener Zeitschrift, in der er vor kurzem sein erstes Tagebuch veröffentlicht hatte.

Mit versteinertem Gesicht las er den scharfen Angriff gegen seine Arbeit. Verfasser war ein Dr. Georgios Nikolaides, Mitglied der Archäologischen Gesellschaft von Athen. Der Angriff besaß besonderes Gewicht, denn Nikolaides galt als hervorragender Homerforscher, außerdem hatte er ein Buch über die Ilias und ihre Topographie geschrieben.

Was Nikolaides gegen ihn vorbrachte, war vernichtend. Mit der milden Nachsicht des Fachmanns wandte er sich gegen die kindliche Begeisterung des Laien, der einem Traum nachjagte, sein Geld vergeudete und die Öffentlichkeit mit Hirngespinsten täuschte, weil er seine Augen vor der entscheidenden Tatsache verschloß: Das Troja Homers kann nicht gefunden werden, denn es existiert nur in der Phantasie des Dichters. Darum habe auch alles, was Schliemann vorbringe, nicht das geringste mit nachweisbaren Tatsachen zu tun.

Die Ausführungen schlossen mit dem Rat, Dr. Schliemann möge doch seine erfrischende Begeisterung, gegen die niemand etwas habe, fortan auf harmlosere Vorhaben richten.

Widerlich! Erniedrigend! Schliemann starrte auf die Zeitschrift. Die Buchstaben verschwammen vor seinen Augen.

„So etwas zu schreiben!“ Sein Zorn begann jetzt zu wirken. Wütend schritt er in seinem Arbeitszimmer auf und ab, setzte sich an den Schreibtisch und ertappte sich dabei, wie er mit einem Bleistift spielte. Er warf ihn beiseite.

Sophia erschien unter der Tür. „Was hast du? Warum kommst du nicht heraus? Steht etwas über unsere Arbeit in der Zeitschrift?“ fragte sie beunruhigt.

Vor Empörung war er im Augenblick unfähig, ein Wort herauszubringen. Stumm starrte er vor sich hin.

„Aber so sag doch etwas!“

„Lies das!“ sagte er schließlich. „Lies das, bitte.“

Sie überflog den Beitrag.

„Aber das ist doch im Grunde nichts Neues“, beteuerte sie. „Kein einziges Argument, das wir nicht schon kennen. Für Leute wie ihn existiert Troja nicht. Nun gut, es gibt viele, die so denken. Warum auch nicht? Du bist anderer Meinung. Für dich ist Troja kein Produkt der dichterischen Phantasie ... Aber du hast es noch nicht finden können. Was macht es?"

Er antwortete nicht.

„Die Wahrheit wird sich herausstellen. Nur einer kann recht haben. Es besteht also kein Grund zur Empörung", sagte sie. „Warten wir die nächsten Wochen ab."

„Aber dieser überhebliche Ton, diese besserwisserische Ironie! Beleidigend ist das ... Als hätte er es bei mir mit einem Schwachsinnigen zu tun."

Sophia lächelte.

„Wahrscheinlich ist das seine Art von Humor. Er möchte witzig erscheinen mit seiner milden Nachsicht. Wichtig allein ist, daß du dich dadurch nicht beirren läßt, sondern die Zähne zusammenbeißt und weitermachst. Nur das zählt." Sie zögerte, als sie sah, wie tief ihn das Ganze getroffen hatte. „Und noch etwas! Glaub mir, keinem bleiben Rückschläge erspart. Sie gehören einfach dazu. Das gilt für die Archäologie wie für jede andere Wissenschaft. Die Erfolge liegen nicht so einfach auf der Straße. Nur ein Narr kann das glauben."

Die Farbe kehrte allmählich in sein Gesicht zurück. „Er wird noch von mir hören. Das verspreche ich dir."

Tatsächlich fing er sich wieder, und sie beobachtete, wie er sich mit einem geradezu wütenden Eifer in die Arbeit stürzte. Und kleine Erfolge blieben nicht aus.

Sie legten einen neuen Graben an und stießen auf einen bescheidenen Schatz: Kupfernägel, Dolche, Ringe, Armreifen, alle aus Kupfer, schwarze Schalen, Granitgewichte, dazu Hämmer und Äxte und kleine Figuren aus Marmor. Sie sammelten die Funde, brachten sie in Körben zum Haus, und Sophia sah, wie er sie am Abend mit glänzenden Augen studierte.

Am nächsten Tag ließ er den Graben nach beiden Richtungen hin erweitern und verlängern. Außerdem verdoppelte er die Zahl der Arbeiter. Schon nach wenigen Stunden stießen sie auf ein erstes Haus und noch am gleichen Tag auf die Reste eines Bauwerks, das vielleicht sogar einmal ein Palast gewesen war. Schliemann besah sich die behauenen Steinblöcke. Schließlich holte er ein Messer und kratzte an den Kanten.

„Siehst du das?“ fragte er Sophia.

Sie konnte nichts Besonderes entdecken. „Staub“, sagte sie.

„Lehm“, erklärte er. „Sie verwendeten Lehm als Bindemittel. Das erklärt, warum die Häuser leicht einstürzten und dann alles unter sich begruben. Immerhin läßt uns das die Hoffnung auf einige Funde von Bedeutung.“

Er sollte recht behalten. Am nächsten Morgen schafften die Männer die Trümmer aus dem Inneren des großen Bauwerkes und fanden Feuerstellen, offene Höfe, Schwellen, Trennwände; dazu Muscheln, die Hörner von Büffeln, Widdern und Hirschen, die Stoßzähne von Ebern. Am Nachmittag fielen ihnen andere Dinge in die Hände, die Scherben von Vasen und Krügen, darunter auch einige von für sie völlig neuartigen Formen, eine große gelbliche Schale, mehr als dreißig Zentimeter hoch und vierunddreißig Zentimeter breit, die mit drei Widderhörnern verziert war, eine schwarze Vase mit rundem Boden und kleinen Ringen auf beiden Seiten und schließlich ein rotes Gefäß in der Form von zwei Krügen, am Bauch zusammengefügt, mit langen, senkrecht aufragenden Schnäbeln.

Als sie den Graben noch mehr verbreiterten, tauchten auf beiden Seiten drei weitere Siedlungen auf: Straßen und Mauern, in ganz verschiedenen Jahrhunderten erbaut, mit unterschiedlicher Architektur. Insgesamt legten sie vier Schichten frei, jede von Menschen geschaffen und bewohnt, die nicht gewußt hatten, was sich unter ihnen befand. Mauern kreuzten sich in seltsamen Winkeln mit anderen Mauern, die wesentlich älter waren. Das gleiche galt für die Gassen, Straßen und Häuser. Kleine Häuser waren über großen errichtet worden und umgekehrt — insgesamt stand Schliemann vor einem Labyrinth von Siedlungen, die den siebzehn Meter hohen Hügel ausmachten, entstanden in einem Zeitraum von mehr als zweitausend Jahren. Sie fanden auch Häuser, die ganz aus Ziegelsteinen errichtet worden waren. Das Feuer, das sie einst zerstörte, hatte den Ton steinhart gebrannt. In den Trümmern machten die Männer zahlreiche Funde — Tongefäße mit indogermanischen Symbolen, leuchtend rote Pokale mit gewaltigen Griffen, manche so gut wie unversehrt.

Sophia war entzückt. Plötzlich stieß sie einen Schrei aus.

„Sieh dir das an! Ein Schwein ... Siehst du den lustigen Kopf? Man könnte meinen, es freut sich, daß wir es gefunden haben. Es ist ein Gefäß. Die Tülle mit dem Griff ist hinten. Ist es nicht wunderbar? Ein echtes Museumsstück!"

„Besser, du bist weniger laut", mahnte er. „Es ist wirklich einmalig. Ich denke, wir sollten es behalten. Du hast es dir verdient. Aber laß es unseren türkischen Bewacher nicht sehen, sonst steht es in drei Monaten in irgendeinem dunklen Winkel des Museums in Konstantinopel, wenn sie es nicht unterwegs schon zerbrechen."

„Aber müssen wir es ihm nicht zeigen?"

„Müssen? Was heißt hier müssen? ... Die Hälfte der Funde steht uns vertraglich sowieso zu. Und das Schwein gehört eben zu unserer Hälfte." Er lächelte. „Aber ich werde ihn mit zwei anderen Funden entschädigen." Er deutete auf die Waffen, die neben ihm lagen: Streitäxte, Pfeile, Lanzen, Messer. „Glaub mir, an solchen Dingen haben sie mehr Interesse."

Als sie am Abend die Ergebnisse ihrer Tagesarbeit sortierten und reinigten, stieß er gegen ein Bündel, das mit Draht umwickelt war. Er hatte es in der Asche eines vor Jahrhunderten niedergebrannten Hauses gefunden. Der Draht, der durch die Hitze spröde geworden war, löste sich jetzt und mehrere Schmuckstücke rollten über den Tisch: ein dreiteiliger Armreif, ein goldener Ohrring und mehrere Reifen aus Silber.

„Was hast du denn da?" fragte sie. „Aber das ist ja Gold! Das erste Gold ... Ich wußte gar nicht, daß es hier eine Goldmine gab?"

„Gab es auch nicht. Jedenfalls findet sich nirgends ein Hinweis darauf. Homer hätte sie sicher irgendwann einmal erwähnt."

„Und woher stammt das Gold dann?"

„Ich nehme an, die Trojaner brachten es von ihren Kriegszügen mit. Sie waren ja oft unterwegs." Seine Augen blitzten. „Nehmen wir es als gutes Zeichen und hoffen wir, daß wir noch mehr finden." Er drehte den Ohrring im Lampenlicht. „Sieh dir das an."

„Verzierungen!“ rief sie. „Das sind ja winzige Sterne. Der Goldschmied muß ein wirklicher Künstler gewesen sein. Reihen von Sternen sogar. Und du meinst, wir finden noch mehr Goldschmuck?“

„Da bin ich ganz sicher.“

Als er in den nächsten Tagen, wie so oft schon, die Gräben besichtigte, blieb er plötzlich stehen. Vor ihm lag die große Terrasse. War es nicht möglich, daß sich unter diesen Ruinen, die auf einen Tempel deuteten, der eigentliche, der trojanische Tempel lag? Darin steckte der Kern einer neuen Idee. Was hatte er zu verlieren, wenn er dem Einfall nachgab? Es war nur eine vage Idee, aber er klammerte sich daran. Er würde es riskieren. Im rechten Augenblick zu handeln und ein Risiko nicht zu scheuen, darin lag allezeit der Schlüssel zum Erfolg.

Bereits am nächsten Morgen setzte er zwei Arbeitsgruppen auf die sieben Meter breite Fläche an, die er noch am Abend vorher abgesteckt hatte. Sie gruben senkrecht in die Tiefe, und schon wenige Stunden später stießen sie auf eine zwei Meter breite Mauer.

Schliemann stand dabei. „Weiter!“ sagte er. „Wir machen hier weiter.“

Etwas von seiner Erwartung sprang auf die Männer über. Sie arbeiteten mit ungewöhnlichem Eifer. Schon bald wurde es deutlich, daß jene gewaltige Mauer weit in die Tiefe reichen mußte. Welche Aufgabe war ihr einst zugekommen? Zu einem Palast oder Tempel konnte sie nicht gehört haben.

„Heilige Mutter Gottes!“ sagte Sophia. „So etwas haben wir bisher noch nicht gefunden. Diese Quader sind ja riesig, als wären sie von Riesen für Riesen aufgeschichtet, und doch sorgfältig behauen."

„So ist es", sagte er mit tiefer Überzeugung.

Etwas in seiner Stimme machte sie aufmerksam. „Wozu, glaubst du, hat sie wohl gehört?" fragte sie.

„Na, wozu wohl?" Ein rascher Blick traf sie.

„Du meinst, es ist der Turm? Der berühmte Turm des Priamos?" fragte sie in jäh aufbrechender Freude. „Aber dann wären wir ja so gut wie am Ziel?"

„Davon bin ich überzeugt. Es ist der Turm des Priamos", sagte er ruhig. „Wozu sonst brauchte man solche Mauern? Und glaub mir, der Turm war einst noch sehr viel höher, als wir ihn jetzt hier finden. Von ihm aus ließ sich damals die gesamte Ebene überblicken, dazu das Meer und die Inseln."

„Aber das ist ja wunderbar! Großartig!" Sie klatschte vor Begeisterung in die Hände. „Damit hast du ja den Beweis, daß dies das Troja Homers ist."

„Einen Beweis, einen ersten Beweis! Mehr noch nicht ... Und glaub mir, viele werden ihn nicht anerkennen", sagte er. „Damit müssen wir rechnen."

Er blickte an ihr vorbei auf die Mauer. Sein Gesicht blieb ausdruckslos, nur seine Augen leuchteten in jäher Genugtuung auf. Seit seiner Kindheit hatte er nicht wieder einen solchen Hunger nach Erfolg verspürt, jenem letzten, höchsten Erfolg, den zu befriedigen, es sich allein lohnte. Alles lag plötzlich vor ihm — wenn er es doch nur zu greifen vermochte!

Wenig später kam einer der Vorarbeiter. „Ein großer Steinhaufen versperrt uns den Weg, der größte, auf den wir je gestoßen sind. Wir kommen nicht weiter."

„Springt er nach Süden vor?“ fragte Schliemann begierig.

„Mindestens um fünf Meter, wahrscheinlich sogar mehr“, erklärte der Mann.

„Eine gute Nachricht! Sagen Sie den Leuten, daß sie eine Prämie erhalten, wenn sie in dieser Weise weiterarbeiten.“

Der Mann verbeugte sich tief.

Schliemann tauschte mit Sophia einen Blick. „Es ist der große Turm“, sagte er halblaut. „Der trojanische Turm; auf ihm stand einst König Priamos neben Helena und ließ sich die Namen der anrückenden Feinde nennen ... Glaub mir, wir sind auf dem richtigen Weg.“

Tränen standen plötzlich in Sophias Augen. „Ich kann es noch immer nicht fassen“, flüsterte sie. „Dann hätten sich also alle Mühen gelohnt, und du hättest sie alle widerlegt, die Mißgünstigen, die Zweifler und Besserwisser ... O Gott, welch eine Stunde.“

Weitere Tage vergingen in der brennenden Augustsonne. Nach und nach legten sie auch die Nord- und Südseite des Turmes frei. Er besaß eine Höhe von sieben Metern. Doch die riesigen Steinhaufen unmittelbar daneben zeigten, daß er einst erheblich höher gewesen sein mußte.

Schliemann wurde nicht müde, die Einzelheiten zu studieren. Wer immer einst seinen Standort bestimmt hatte, mußte ein Mann mit strategischem Weitblick gewesen sein. Er entdeckte an der Nordseite einen Hügel, mehr als zwanzig Meter breit und fünf Meter hoch. Wahrscheinlich hatten die Trojaner dort die Erde abgeladen, die beim Ausschachten zum Bau der Grundmauern angefallen war. Die Nordseite des Turms war aus großen übereinanderliegenden Blöcken errichtet; nur der obere Teil bestand aus Mauerwerk. Die Südseite dagegen war eine feste Mauer aus Kalksteinblöcken, die man mit Lehm verfugt hatte; insgesamt dreizehn Meter dick.

Am nächsten Tag stießen sie in einer Tiefe von vierzehn Metern auf die Reste eines Wohnhauses, einst erbaut auf dem gewachsenen Felsboden. Sie fanden das Skelett einer Frau. Der Schädel war gut erhalten. Die Mundpartie stand etwas vor. Die Zähne wirkten überraschend klein und gesund.

„Eine Trojanerin", stellte er fest, „aus der ältesten Zeit."

„Warum ist der Schädel so gelb?" fragte Sophia.

„Wahrscheinlich eine Folge der Hitze. Du darfst nicht vergessen, die Frau ist verbrannt."

Als Sophia die Asche von den übrigen Knochen wischte, fand sie einen Ring, drei Ohrringe und eine goldene Kleidernadel. Der Ring war aus mehreren miteinander verflochtenen Golddrähten gefertigt.

Doch die Tage der raschen Erfolge dauerten nicht an.

Der Arzt und Wunderheiler

Mitte August brach das Sumpffieber aus. Die Arbeiter erkrankten in wachsender Zahl, zuerst zehn, dann fünfzehn, schließlich dreißig. Schliemann erhöhte seine und auch Sophias Dosis an Chinin, auch Yannakis und Polyxane gab er jetzt regelmäßig Chinin.

Sein Erfolg blieb nicht verborgen. Auch die anderen bettelten jetzt um die Wunderdroge, die das Fieber wegzauberte. Die Leute hatten großen Respekt vor Arzneimitteln. Pillen, Pulver und Tränke aller Art besaßen in ihren Augen Zauberkraft. Das galt für die Griechen ebenso wie für die Türken. Da es in der ganzen Troas keinen ausgebildeten Arzt gab, hatten die Popen für den griechischen Bevölkerungsanteil die Heilbehandlung übernommen. Sie beschränkten sich vor allem auf das Aderlassen: worüber ihre Patienten auch klagten, ob Kinder, Frauen oder Männer, stets zapften sie zuerst einmal Blut ab, und es gab Kinder, die sie schon drei- oder viermal zur Ader gelassen hatten.

Zwar beteuerte Schliemann Tag um Tag, kein Arzt zu sein und nur geringe medizinische Kenntnisse zu besitzen, doch sein Ruf hatte sich über die ganze Troas verbreitet. Die Leute kamen schon frühmorgens; geduldig warteten sie vor der Tür. Die Männer rauchten, die Frauen trugen ihre besten Gewänder, ein Rausch harmonischer Farben: blaßblaue, puffige, bestickte Hosen, flekkenlos weiße Blusen unter silberbestickten Jacken. Es blitzte und klirrte von Silberschmuck.

Eines Tages brachte man ein siebzehnjähriges Mädchen, das sich vor Schwäche kaum mehr auf den Beinen halten konnte. Die Kleidung, vor allem der Gesichtsschleier zeigte, daß es eine junge Türkin sein mußte. Sie wurde von der Großmutter und dem Vater begleitet. Schliemann führte die drei ins Lagerhaus.

Nach dem Austausch der rituellen Begrüßungsformeln war die Zeit gekommen, die Beschwerden der jungen Patientin vorzubringen. Aber die Türkin weigerte sich, ihr Gesicht zu entschleiern, und wollte nicht, daß ein christlicher Mann sie sah. Obgleich sie kein Wort sagte, machten ihre Handbewegungen die Weigerung unmißverständlich klar.

Vergeblich versuchte die Großmutter sie zu überreden, wenigstens das Gesicht sehen zu lassen: „O Fatme, Tochter meiner Tochter, hier ist ein Mann, dem Allah Macht über die Krankheiten gegeben hat, und du willst nicht, daß er dich sieht! Warum nur nicht? Willst du nicht gesund werden? Sollen wir alle um deine verlorene Gesundheit weinen?"

Auch der Vater schloß sich jetzt den Mahnungen an. Insgeheim hatte er sich zunächst über die Tugendhaftigkeit der Tochter gefreut, nun jedoch schien ihr beharrlicher Ungehorsam eine Herausforderung seiner väterlichen Autorität zu sein.

Seine Stimme wurde lauter, seine Bitten drängender. „Wie soll er dich gesund machen, wenn er dich nicht sieht!" schrie er schließlich. „Ich bin dein Vater, und ich befehle dir, den Schleier abzunehmen! Gott verleihe mir

Langmut!“

Sie zuckte nur die Schultern und flüsterte plötzlich durch den Schleier: „Was hat dir der Fremde gegeben, damit er meine Schande sehen kann?“

Der Vater, einen Kopf größer als Schliemann, wechselte die Farbe, als er die Worte seiner Tochter erfaßte. Einen Augenblick lang wirkte er wie versteinert, dann hob er seine riesige Hand und holte zu einem Schlag aus, der seiner Tochter das Genick gebrochen hätte, hätte er sein Ziel erreicht. Aber die Tochter war ihm zuvorgekommen. Sie klappte blitzschnell nach vorn wie eine Marionette, und ihr Vater traf mit voller Wucht die Wand.

Doch nun, so schien es, hatten alle der Schicklichkeit genügt. Die Großmutter drehte drei Zigaretten, steckte sich selbst eine in den Mund, reichte Schliemann und dem Schwiegersohn je eine, und während sie alle drei Zigaretten anzündete, schälte sich die Enkelin aus den Kleidern.

Halbnackt, in einem weitausgeschnittenen Hemd, kauerte sie auf der Matte, über und über mit Geschwüren bedeckt. Am schlimmsten sah das Gesicht aus. Über dem linken Auge saß eine eitrige Geschwulst, so daß sie kaum sehen konnte.

Schliemann erschrak. Er hatte keine Ahnung, was hier zu tun sei. Genügten Wasser und eine andere Ernährung?

Er verordnete einfache Kost, viel Obst und ein tägliches Bad im Meer. Sechs Wochen später erschien das Mädchen plötzlich auf Hissarlik, warf sich vor ihm nieder und küßte seine schmutzigen Schuhe. Dann, nach einem scheuen Blick ringsum, lüftete sie den Schleier:

Die Geschwüre trockneten ab. Sie fühlte sich schon fast völlig geheilt. Sogar ein Bewerber hatte beim Vater nach dem Brautpreis gefragt, flüsterte sie, während der Schatten eines Lächelns über ihr Gesicht huschte.

Und da war die kleine Selima, gerade acht Jahre alt, die regelmäßig mit ihrer Mutter erschien. Eine Spur Henna auf den Wangen verlieh ihrer bernsteinfarbenen Haut Wärme. Die Mutter erzählte, das Kind habe nicht geruht, bis es die Erlaubnis erhielt, die Kette der Mutter aus Silbermünzen zu tragen, ehe es den christlichen Arzt aufsuchte.

Wenn das Mädchen zu Schliemann kam, blieb es zeremoniös auf der Schwelle stehen und verbeugte sich tief, was er mit der gleichen Feierlichkeit erwiderte.

Die Kleine empfing ihre Dosis Chinin, schluckte sie, ohne das Gesicht zu verziehen. Nur ein winziges Stirnrunzeln verriet ihre Abneigung. Dann verbeugte sie sich wieder.

„Gott sei mit Ihnen, Herr."

„Allah segne dich, Prinzessin."

Auf der Schwelle blieb Selima nochmals stehen, um Schliemanns letzten Gruß zu erwidern.

Einmal stand Schliemann am Bett einer alten Frau, die im Sterben lag.

Die Augen der Tochter hafteten ein Wunder erwartend auf ihm, und als er, den Koran zitierend, sagte: „Alles kommt von Gott", erwiderte die alte Frau: „Auch die Heilung, sofern er es will."

„Welche Aufgaben haben dann die Ärzte?" fragte er.

„Sie verdienen ihren Lebensunterhalt damit und erwekken Hoffnung im Herzen des Kranken, bis Allah ihm entweder das Leben nimmt oder ihm die Gesundheit wiedergibt."

Alle Frauen der umliegenden Dörfer waren vernarrt in ihre Kinder. Er entdeckte keinen Unterschied in der Behandlung von Jungen und Mädchen. Die Mütter liebten sie unabhängig von ihrem Geschlecht und waren ebenso besorgt um Mädchen wie um Jungen, wenn sie krank wurden. Sie waren stolz auf die Schönheit ihrer Töchter und redeten davon, wie Männer später um sie kämpfen und ihnen die Beute ihrer Raubzüge zu Füßen legen würden, um ihre Gunst zu gewinnen. In den Streichen ihrer Söhne erkannten sie mit Genugtuung den künftigen Helden, den Schrecken der Kaufleute und Karawanenhändler.

Eine junge Mutter in Ciplak war glücklich, als sie glaubte, die Kennzeichen des Räubers bei dem Sohn an ihrer Brust entdeckt zu haben: In dem einzigen Raum ihres Hauses, beim wütenden Heulen des Steppenwindes draußen, hob sie das nackte Kind hoch und ließ es auf ihrem Schoß auf und ab tanzen, ohne auf sein Jammern, Zappeln und Strampeln zu achten.

„Oh, du wirst größer werden als alle anderen!" jauchzte sie. „Sie alle werden dir Tribut zollen, und die Arme deiner Frauen werden sich unter den Lasten der silbernen Amreifen beugen. Du wirst die Karawanen ausplündern ... O Herr", rief sie Schliemann zu, „dieser Mann wird sich mit den Kamelen der anderen und ihren Schätzen davonmachen und keine Spur hinterlassen!"

An einem Abend während des Ramadan, als die Frauen beschäftigt waren, das Mahl zu bereiten, fiel ein zweijähriges Kind in eines der Feuer. Als Schliemann das

Haus erreichte, wiegte die Mutter das sterbende Kind im Feuerschein mit den rhythmischen Bewegungen eines Uhrwerkes hin und her. Sie war selbst noch ein Kind. Während Schliemann die fürchterlichen Brandwunden untersuchte, forschten die entsetzten Augen der Mutter in seinem Gesicht. Sie sagte nichts, aber bei jedem Stöhnen des Kindes zuckten ihre Augenbrauen krampfhaft. Als er erkannte, daß das Kind gestorben war, und die gebräuchlichen Worte des Beileids murmelte, begann sie auf es einzureden, schnell, fiebrig, so daß Schliemann fast das Blut in den Adern erstarrte.

Sie rief das Kind beim Namen, fragte, warum es schlafe, versprach ihm Süßigkeiten. Den Kopf gegen die blutige Stirn des Kleinen gebeugt, redete sie und redete. Der Schleier war von ihrem Gesicht gerutscht, und die Silbermünzen auf ihrer Stirn schlugen klirrend gegeneinander. Leblos schaukelte der kleine Kopf hin und her. Blicklos starrten die aufgerissenen Augen ins Leere. Endlich hörte sie auf, das Kind zu wiegen. Ihre Stimme wurde leiser, ihre Worte langsamer, bis sie schließlich in einem tiefen Seufzen erstarben.

Inmitten des halbdunklen Raumes hockte die junge Mutter, allein, zusammengekauert, wie ein verwundetes Tier, und wiegte ihr totes Kind hin und her, hin und her.

In Hissarlik griff das Sumpffieber weiter um sich. Bald mußte er erkennen, daß die kleinen Trupps, die ihm verblieben waren, den Aufwand nicht mehr lohnten.

„Ich fürchte, wir müssen für dieses Jahr die Arbeiten einstellen“, sagte er zu Sophia. „Bereite unsere Abreise vor. Ich will inzwischen noch nach Canakkale. Es gibt dort einen Landvermesser und einen Fotografen. Ich brauche genaue Aufzeichnungen von unseren Ausgrabungen, außerdem Aufnahmen."

Die Arbeiten der beiden Männer dauerten mehrere Tage, sie waren gerade beendet, als ein dröhnender Donnerschlag nach vier Monaten Trockenheit die Regenzeit eröffnete.

Der Schatz des Priamos

Sie hatten die Vorbereitungen für das dritte Grabungsjahr bis Mitte Januar 1873 abgeschlossen. Ein junger Künstler, der die nächsten Funde zeichnen sollte, begleitete sie zur türkischen Küste. Am Kai von Canakkale erwartete sie Yannakis mit einem Pferdewagen, um das Gepäck nach Hissarlik zu schaffen.

Er lachte, winkte und strahlte vor Freude. Für ihn hätten die Grabungen noch Jahrzehnte weitergehen können.

„Alles in Ordnung?" fragte Schliemann. „Du machst einen sehr zufriedenen Eindruck, oder irre ich mich?"

„Nein, Herr. Herzliche Grüße auch von meiner Frau. Die Möbel sind angekommen, soll ich sagen. Auch der Kamin ist eingebaut. Ein Feuer brennt darin."

Schliemann nickte. „Leider wird es heute umsonst brennen. Wir übernachten in Canakkale und fahren erst morgen. Ich muß noch den Gouverneur besuchen."

„Soll ich Sie hinfahren?"

„Nicht nötig. Es sind nur ein paar Minuten Fußweg. Bringe meine Frau und das Gepäck ins Hotel. Du weißt schon ... Und morgen fahren wir nach Hissarlik."

Auf dem weiten, sonnenüberfluteten Platz vor dem Gouverneursgebäude lungerten einige Polizisten umher; ihre Hauptaufgabe bestand sonst darin, die Steuern in den Dörfern einzutreiben. Schliemann bat den Pförtner, ihn bei seiner Hoheit zu melden und legte einen Zehn-Piaster-Schein auf den Tisch. Der Pförtner nickte, allerdings erst nachdem er den Geldschein sorgfältig gefaltet und weggesteckt hatte.

Zwei Minuten später bat ihn ein Adjutant in das Empfangszimmer, einen hohen, überraschend kühlen Raum, den Schliemann schon von früheren Besuchen kannte. Hauchdünne Mattengeflechte an den schmalen Fenstern filterten das Tageslicht zu einem matten Halbdunkel.

Der Gouverneur saß auf einem Diwan und rauchte aus einer silbernen *Nargileh*.

Schliemann verbeugte sich, und der Beamte deutete auf die Polstermöbel gegenüber.

„Seien Sie willkommen, Dr. Schliemann. Darf ich hoffen, daß Sie sich wohl fühlen?"

Schliemann lächelte. „Nun da die Arbeit wieder beginnt, fühle ich mich ausgezeichnet, dank Allahs Gnade. Und wie ist Ihr Befinden?"

„Gelobt sei Gott, ich befinde mich wohl. Wie waren Sie im vergangenen Jahr mit den Ergebnissen Ihrer Grabungen zufrieden?"

Schliemann erstattete einen kurzen Bericht und fügte dann hinzu: „Der Durchbruch ist sicher noch nicht gelungen. Aber ich habe Grund zu der Annahme, daß die nächsten Monate Fortschritte bringen werden."

„Ich verstehe. Es ist jetzt das dritte Jahr, daß Sie graben, da kann schon einmal Ungeduld aufkommen." Der Gouverneur lächelte und ließ Kaffee bringen.

Sie nippten an dem heißen, schwarzen Gebräu. Der Beamte legte die Wasserpfeife aus der Hand, und sie rauchten eine Zigarette. Dabei ließ er Schliemann nicht aus den Augen.

Plötzlich sagte er: „Sie haben sicher schon von dem neuen Gesetz gehört, das in Konstantinopel verabschiedet werden soll?"

„Ein neues Gesetz? Davon weiß ich nichts." Schliemann blieb beherrscht. „Um was geht es dabei?"

„Um Arbeiten wie die Ihre. Um archäologische Ausgrabungen auf dem Boden der Türkei."

„Besitzen Sie eine Abschrift des Gesetzes?"

„Nein", sagte der Gouverneur. „Im Augenblick befindet es sich auch noch in der Beratung."

„Kennen Sie seinen Inhalt?"

Der Gouverneur nippte an dem süßen Kaffee. „Die wichtigsten Bestimmungen sind mir bekannt, und sie richten sich im wesentlichen gegen Ihre Grabungen." Achmed Pascha starrte ihn mit unergründlichem Blick an, als kenne er Schliemann überhaupt nicht.

„Ich fürchte, ich verstehe nicht. Ich besitze einen Firman, der Rechte und Pflichten unmißverständlich festlegt."

„Richtig. Nur werden Sie einer Regierung nicht das Recht streitig machen wollen, ein neues Gesetz zu erlassen, wann immer sie das für notwendig hält."

„Können Sie mir die wichtigsten Bestimmungen nennen?"

Der Gouverneur führte bedachtsam die Fingerspitzen aneinander. „Das kann ich. Die Türkei fordert künftig eine vollständige Liste aller bei den Ausgrabungen gefundenen Gegenstände. Die Liste ist in regelmäßigen Abständen dem Kultusminister in Konstantinopel vorzulegen. Nichts darf ohne dessen ausdrückliche Genehmigung in ein fremdes Land ausgeführt werden. Wenn das Museum irgendwelche Gegenstände für wichtig erachtet und zu erwerben wünscht, so sind sie dem Museum zu einem Preis zu überlassen, den es für angemessen hält. Für Gegenstände, auf die das Museum keinen Wert legt und die ausgeführt werden, ist Ausfuhrzoll zu zahlen. Falls irgendwer versuchen sollte, Gegenstände heimlich aus dem Land zu schaffen, werden die Gegenstände beschlagnahmt. Außerdem wird eine Bestrafung in Aussicht gestellt."

Schliemann beugte sich vor. Der Gouverneur sah, daß er eine starke Erregung bezwang. „Aber das widerspricht doch in allem meinem *Firman!* Ich habe Zehntausende von Dollar in die Grabungen gesteckt! Und ich bin dabei, weitere Tausende auszugeben. Wie kann man so etwas fordern!"

Achmed Pascha schwieg.

Schliemann schüttelte den Kopf und starrte vor sich hin. „Mit diesem Gesetz kann ich nicht leben", murmelte er.

Der Gouverneur sah ihn bedeutungsvoll an.

„Das brauchen Sie auch nicht — jedenfalls im Augenblick noch nicht. Wie ich schon sagte, sind die Erörterungen noch im Gange. Monate können vergehen, bis die neuen Bestimmungen ausformuliert sind und Gesetzeskraft erlangen."

Das Gespräch wandte sich anderen Themen zu. Sie tranken noch eine Tasse Kaffee, und eine Viertelstunde später verabschiedete sich Schliemann.

„So etwas zu tun!" Sein Zorn übermannte ihn jetzt. Es war fast unerträglich. Er eilte ins Hotel, wo Sophia auf ihn wartete. Sie blickte ihn an.

„Du hattest Ärger mit dem Gouverneur!“ fragte sie. „Habt ihr euch gestritten!“

„Viel schlimmer“, gestand er. „Sie bereiten in Konstantinopel ein Gesetz gegen mich vor.“ Er berichtete in kurzen Worten über die wichtigsten Bestimmungen. „Was sie künftig von uns fordern, ist alles — schlichtweg alle Funde ohne Ausnahme. Sie beteiligen sich mit keinem Piaster an den Kosten, aber sie wollen den gesamten Gewinn. Jedes Stück, das den Museumsleuten gefällt, ziehen sie ein. Und uns geben sie ein *Bakschisch*.“

„Aber was kannst du dagegen tun, wenn du nicht alles aufgeben willst?“ fragte sie leise.

Er blickte sie an.

Einen Augenblick lang lag unter dem rasenden Zorn, der ihn erfüllte, noch ein anderes Gefühl, eine Mischung aus Furcht und Ohnmacht.

„Sie haben alle Trümpfe in der Hand“, sagte sie. „Das darfst du nicht vergessen.“

Er schwieg und starrte blicklos vor sich hin.

„Sie können dir sogar jederzeit die Grabungserlaubnis entziehen und die Grabungen selbst übernehmen.“

Er hob den Kopf. „Sie können mir die Grabungserlaubnis entziehen. Das ist richtig ... doch selbst übernehmen, das können sie nicht, da bin ich ganz sicher. Sie haben weder das Geld noch die Leute, um diese Grabungen fortzuführen“, behauptete er. Doch seiner Stimme fehlte die Überzeugung.

„Wenn du dich da nur nicht täuschst“, warnte sie. „Falls sie irgendwann zu der Überzeugung kommen sollten, daß ein überwältigender Erfolg kurz bevorstehen könnte, mußt du mit allem rechnen. Denn gerade für diesen Fall stellen sie jetzt die Weichen."

Er nickte kaum merklich. Was sie sagte, entsprach seinen eigenen geheimen Befürchtungen. „Und was, meinst du, sollen wir tun?"

„Gar nichts." Sie lächelte. „Wir machen einfach weiter wie bisher. Noch ist ja nichts beschlossen. Noch haben wir es nicht mit einem Gesetz zu tun. Vielleicht bleibt es sogar in irgendeinem Amt hängen und kommt gar nicht zustande. Im Orient ist immer alles möglich."

„Was bist du doch für ein kluges Mädchen!" Er zog sie an sich und küßte sie. „Ein wirklicher Schatz."

Das Haus in Hissarlik war jetzt endgültig fertig. Zufrieden schritt Sophia durch die Räume. Yannakis hatte die Möbel aus Athen aufstellen lassen. Im Kamin prasselte ein Feuer, das Essen stand fertig auf dem Herd. Sein Duft zog durch alle Räume. Sie stellte ihre Ikone der Gottesmutter auf den Nachttisch neben dem Bett. Und was alle Möbel nicht vermochten — die alte, vom Ruß von Kerzen und Öllichtern verdunkelte Muttergottestafel gab ihr das Gefühl von Heimat und Geborgenheit.

Am nächsten Tag erschien ein junger Mann und stellte sich als der neue Aufseher vor. Er kam aus dem Büro des Gouverneurs in Canakkale. Die Begegnung verlief ohne Herzlichkeit. Offensichtlich hatte man ihn gut vorbereitet und mit genauen Verhaltensrichtlinien ausgeschickt. Er nannte sich Amin Efendi. Er war höflich, aber deutlich auf Abstand bedacht und lehnte jeden freundschaftlichen Verkehr ab. Sogar eine Einladung zum Abendessen schlug er aus.

„Bitte stellen Sie mir jeden Abend eine Liste der gefundenen Gegenstände auf, damit sie zur Verfügung steht, wenn das neue Gesetz in Kraft tritt."

„Was Sie nicht sagen!" Schliemann starrte den jungen Mann mit frostigen Augen an. „In meinem Vertrag steht nichts davon."

„Es wäre sicher einfacher für Sie."

„Wirklich? Das lassen Sie mal meine Sorge sein. Niemand braucht ein Gesetz zu befolgen, das noch gar nicht existiert."

„Es wäre anzuraten, die Liste gemeinsam anzulegen. Ich schicke dann die Abschrift regelmäßig an das Museum in Konstantinopel. Damit vermeiden wir alle Irrtümer und Mißverständnisse."

Schliemann fuhr auf. „Ich kann Sie nicht hindern, das zu tun, was Sie für richtig halten. Aber mir müssen Sie schon das gleiche Recht einräumen. Irrtümer und Mißverständnisse sind nicht mein Problem. Wir bringen die Funde der verschiedenen Kolonnen mit dem Einbruch der Dunkelheit auf die Terrasse unseres Hauses. Dort können Sie sie sehen und registrieren, wenn Sie wollen."

„Herzlichen Dank! Aber das wird nicht nötig sein, Dr. Schliemann. Sehr freundlich, doch ich ziehe es vor, meine Eintragungen an Ort und Stelle zu machen."

„Fein", sagte Schliemann mit leiser Ironie und beendete das Gespräch. „Dann machen Sie es, wie Sie denken." Wenn der Türke bei jedem Fund dabei sein wollte, würde er die Geschwindigkeit eines Windhundes entwickeln müssen.

Yannakis hatte die Werkzeuge gereinigt, die Schaufeln geschärft und die Schubkarren geölt. Am nächsten Morgen erschienen mehr als hundertfünfzig Männer aus den umliegenden Dörfern. Er teilte sie in fünf Arbeitsgruppen ein, von denen jede in einem anderen Bereich grub.

Sie vertieften alte Gräben, legten neue an, planierten Terrassen, entfernten die Erde längs des Verteidigungswalls und gruben die Fundamente des Wachtturmes bis zum gewachsenen Boden aus. Stunde um Stunde kamen dabei neue Funde zutage: Lanzen, Pfeilspitzen, Kupfernägel und schließlich das erste landwirtschaftliche Gerät, eine Kupfersichel.

Bei den Grabungen am großen Tempel fanden die Männer vier Tonrohre, letzte Reste einer Wasserleitung, jedes fünfzig Zentimeter lang und dreißig Zentimeter im Durchmesser, außerdem drei Marmorplatten, jede mit altgriechischen Inschriften bedeckt. Schliemann ließ sie waschen, und Sophia machte sich daran, sie zu übersetzen. Doch der Inhalt war enttäuschend, zwar fand sie mehrmals das Wort für „Tempel", doch handelte es sich weder um Gebete noch um trojanische Dichtungen.

Schliemann stand ungeduldig dabei. „Verstehst du, was dort geschrieben steht?" fragte er.

„Jedes Wort. Es sind Pachtverträge oder Schenkungen von Grundbesitz durch den König an gewisse Personen."

„Du hast aber auch das Wort ‚Tempel' gefunden?"

„Ja, es steht dort, daß die Tafeln im Tempel aufgehängt werden sollen", erklärte sie.

Enttäuschend war auch, daß sie keine Skulpturen fanden. Vielleicht hatte man sie geraubt. Vielleicht waren sie auch bei der Plünderung der Stadt von religiösen Fanatikern zerschlagen worden. Immerhin ließen die Tafeln den Schluß zu, daß der Tempel aus dem 3. Jahrhundert v. Chr. stammte.

Wenig später fanden sie auch einen Schwertknauf aus reinem Kristall, in der Form eines Löwenkopfes geschnitten. Schliemanns Augen leuchteten auf.

„Sieh dir das an! Zum erstenmal Kristall!"

„Ich wußte gar nicht, daß es hier überhaupt Löwen gab", sagte Sophia.

„Es muß sie sogar häufig gegeben haben. Homer erwähnt sie mehrmals. Und er hätte sie nicht so lebensecht beschreiben können, hätte er nicht Gelegenheit gehabt, sie zu beobachten."

„Meinst du wirklich, daß der Kristall Teil eines Schwertknaufs war?"

„Sicher bin ich nicht. Kristall war damals seltener als Elfenbein, Silber oder Gold. Darum muß er einer hochgestellten Persönlichkeit gehört haben. Vielleicht sogar dem König. Er kann auch Teil eines Szepters gewesen sein."

Wenig später tauchte ein zweiter geschnittener Kristall auf, dann eine große, wunderbar fein gearbeitete Schale.

„Sieht sie nicht aus wie eine Suppenterrine? Die würde ich sofort in Gebrauch nehmen", rief Sophia. „Darf ich sie behalten? Ich mache dir darin die beste Hammelkeule deines Lebens, wenn wir erst wieder in Athen sind."

„Da kann ich nicht widerstehen. Aber du mußt sie so geschickt verstecken, daß unser Freund Amin Efendi nichts davon merkt, sonst bist du sie los."

Nur wenige Zentimeter tiefer fanden sie eine Anzahl Schüsseln, auch sie gut erhalten. Einige waren bis zu sechzig Zentimeter hoch und besaßen mehrere Henkel.

„Offenbar sind wir hier in die Palastküche geraten," meinte Sophia, während sie das Geschirr fachmännisch prüfte. „Jetzt fehlt nur noch, daß wir auch ein Kochbuch finden."

„Davor bist du sicher", antwortete er. „So etwas kannte man damals nicht. Die Rezepte wurden nur mündlich weitergegeben."

In der zweiten Märzhälfte nahm die Zahl der Arbeiter ständig ab. Die Männer blieben zu Hause, um ihre Weinberge zu bebauen, außerdem wollten die Arbeiter christlichen Glaubens auch die Osterfeiertage zusammen mit ihren Familien verbringen.

Auch Sophia und Polyxane wollten jene Tage festlich begehen. Sie kochten Eier und färbten sie rot. Sie buken Osterbrötchen aus Mehl, Oliven und Mandeln, dazu Osterbrot, und Sophia schmückte ihre Muttergottesikone mit frischerblühten Steppenblumen. Am Karfreitag fastete sie, und am Ostersonntagmorgen las sie aus der Bibel vor. Später gab es ein Osterlamm, das Yannakis geschlachtet hatte.

Nach den Osterfeiertagen kehrten die Männer nach und nach zurück und nahmen die Grabungen im alten Umfang wieder auf, erneut häuften sich die Funde. Sie legten einen anderthalb Meter hohen Opferaltar aus schiefergrauem Granit mit einem halbmondähnlichen Aufbau frei, auf den man einst Hals und Kopf der Opfertiere legte. Eine grüne Schieferplatte unmittelbar darunter hatte wahrscheinlich dazu gedient, das Blut aufzufangen.

Dann stießen sie auf ein Grab mit zwei vollständig erhaltenen Skeletten. Bei jedem lagen ein kupferner Helm und eine Kupferlanze.

Schliemann zeigte die beiden Krieger Amin Efendi. „Sind Sie an den Skeletten interessiert?“ Aber er kannte die Antwort schon.

„Keine Knochen“, sagte der türkische Beamte nach einem kurzen Blick.

„Dann werden Sie nichts dagegen haben, wenn ich sie mit nach Athen nehme?“

„Nein. Einverstanden.“

„Und was ist mit dem Altar?“ fragte Schliemann. „Er muß ein ungeheures Gewicht haben.“

„Was schlagen Sie vor?“

„Er ist wunderbar erhalten. Ich denke, wir sollten ihn hier an Ort und Stelle lassen. Frost und Hitze können dem Granit wenig anhaben.“

Auch damit war der Türke einverstanden.

Schliemann ließ die beiden Skelette auf einer Trage in sein Arbeitszimmer bringen und bat den Maler Lampeses, der seit Anfang des Jahres im Lager weilte, eine Skizze von ihnen anzufertigen. Doch Lampeses wurde nicht müde, die Schädel zu studieren.

„Was ist mit ihnen?“ fragte Schliemann.

Der Künstler blickte auf. „Ich habe in meinem Leben schon einige tausend Köpfe gezeichnet — Kinder, Frauen, alte und junge Männer, wie es gerade so kam ... Aber diese beiden sind einmalig. Die Schädel sind zwar groß, aber schmaler als alles, was mir je vor die Augen kam. Kann es sein, daß die schweren Kupferhelme die Schädelform beeinflußt haben?“

„Nein. Das halte ich für ausgeschlossen. Die Männer trugen die Helme ja nicht schon als Kinder, als die Knochen noch weich und formbar waren, sondern erst als Krieger, und auch da nur im Kampf." Er schüttelte den Kopf. „Vielleicht haben wir es hier mit einer rassischen Eigenart der Trojaner zu tun, ähnlich wie bei den auffallend kleinen Zähnen. Das wäre ja immerhin möglich. Aber für solche Feststellungen reichen die wenigen Skelette, die wir bisher gefunden haben, einfach noch nicht aus."

Doch da war etwas anderes, das ihn insgeheim beschäftigte. Sie hatten die beiden Skelette knapp oberhalb des Turms entdeckt. Dicht beim Turm sollte sich einst der Palast des Priamos befunden haben, und bei ihm begann angeblich die große gepflasterte Straße, die dann zum Skaiischen Tor, zur Ebene und zum Schlachtfeld führte. Der Altar und die Skelette hatten sich östlich des Turms befunden. War es da nicht sinnvoll, die gepflasterte Straße und das Skaiische Tor im Westen zu suchen?

Plötzlich war er erregt. Wenn es ihm gelang, die Straße und das Tor zu finden, mußte er auch auf den Palast stoßen. Und damit war der letzte, endgültige Beweis erbracht, daß es sich bei den Ruinen von Hissarlik um das antike Troja handelte.

Er rieb sich das Kinn. Eine vage Idee war in ihm aufgetaucht. Das Kühne und Ungewöhnliche daran verlockte ihn sehr. Trotzdem ließ er sich nicht fortreißen. Immer wenn er sich mit neuen Plänen beschäftigte, wurde sein Verstand sachlich und befaßte sich mit dem Nächstliegenden. Bisher hatten sie mehr oder weniger auf gut Glück gegraben, mal hier, mal dort. Die Ergebnisse waren brauchbar gewesen, aber nicht zwingend. Er dachte an die mißtrauische Öffentlichkeit. Vor allem waren da die Gelehrten überall in Europa. Mit Wonne würden sie seine dürftigen Beweise zerpflücken und ihn vor aller Welt zum Träumer und Phantasten machten.

Er fand an diesem Abend lange keinen Schlaf. Auf bloßen Füßen schritt er im Schlafzimmer auf und ab. Er brauchte den Beweis, und er wollte ihn erbringen, noch ehe er für dieses Jahr die Grabungen aufgeben mußte. Für eine Aufbietung aller Kräfte sprach auch das zu erwartende Gesetz, das die künftigen Arbeiten erheblich erschweren würde.

Sie mußten auf der Westseite des Turms beginnen. Das war es! Jede andere Entscheidung wäre gegen den gesunden Menschenverstand gewesen. Er legte sich auf das Bett und blickte in die Finsternis. Irgendwo in der Ferne ertönte wieder der Ruf einer Eule. Er wußte, daß er vor Mitternacht keinen Schlaf finden würde, doch darauf kam es jetzt nicht an. Eine erwartungsvolle Stimmung erfüllte ihn. Gleich morgen früh würde er eine der Kolonnen auf der Westseite graben lassen.

Vier Tage später, am 9. April 1873, stießen die Männer in einer Tiefe von zehn Metern auf eine Straße mit Kopfsteinpflaster. Als sie von einer Straßenseite zur anderen gruben, stellte er fest, daß die Straße rund sechs Meter breit war. Schliemanns Erleichterung war ungeheuer.

Sophia hockte auf einem Mauervorsprung und lachte. „Glück hast du also auch noch, doch es ist das Glück des Tüchtigen! In welcher Richtung wirst du weitergraben?"

„Dreimal darfst du raten."

„In beiden Richtungen!" rief sie. „Ich nehme an, du läßt dich den Erfolg etwas kosten."

„So ist es. Eine Gruppe von sechzig Mann folgt der Straße in Richtung Skaiisches Tor am Fuß des Hügels, und hundert Arbeiter graben in entgegengesetzter Richtung. Irgendwann muß ja dann etwas geschehen, nehme ich an.“

Die sechzig Arbeiter brauchten eine Woche, um die elf Meter bis zum Beginn der Ebene freizulegen. Doch von einem Tor gab es nicht die geringste Spur. Schliemann war bestürzt. Ohne Tor brach seine Theorie zusammen.

Auch Sophia war kleinlaut geworden. „Was machen wir jetzt? Das Ganze sieht nicht gut aus.“

„Zuerst muß ich noch einmal nachdenken. Irgendwo steckt ein Fehler“, murmelte er. „Aber dazu brauche ich Zeit. Wir werden darum der Straße in der anderen Richtung folgen und sehen, was daraus wird.“

Am nächsten Morgen steckte er die Strecke bis zum wahrscheinlich oberen Ende der Straße ab, und sie begannen zu graben. Sie hoben fünftausend Kubikmeter Erde aus und stießen dabei auf die Ruinen zweier Häuser. Sie waren übereinander errichtet worden, das jüngere oben, das ältere genau darunter. Beide waren von Bränden zerstört worden und voller Holzasche und geschwärztem Schutt.

Schliemann kletterte in den Trümmern umher. Die Straße konnte nur benutzt worden sein, als das ältere der beiden Gebäude noch im Gebrauch gewesen war, denn die Straße führte genau durch es hindurch. Das neuere Haus war erst gebaut worden, als die Straße schon drei Meter hoch mit Schutt und Erde bedeckt war. Das schien ihm sicher. Eine andere Erklärung gab es nicht. Also mußten sie die Mauerreste des jüngeren Hauses abbrechen und allen Schutt beseitigen, um an das alte Gebäude heranzukommen.

Es dauerte einige Tage, bis alle Trümmer beseitigt waren und er sich eine Vorstellung von den Aufgaben des älteren Gebäudes machen konnte. Hier handelte es sich nicht um irgendein Haus wie hundert andere in der Stadt, sah er. Schon die beherrschende Lage auf der Anhöhe zeigte, daß man ihm einst eine erhebliche Bedeutung beigemessen hatte. Dafür sprachen auch die dicken Mauern und ungewöhnlich stabilen Fundamente. Bei seiner Suche nach irgendwelchen Besonderheiten, die einen Schluß auf die Verwendung des Bauwerks zuließen, stieß er auf Mauervorsprünge, die nur eine Aufgabe gehabt haben konnten: In ihnen war das obere und untere Ende eines riesigen Tores verankert gewesen.

Seine Freude war heftig. Für Schliemann war sie in dem Augenblick, in dem er sich bemühen mußte, Haltung zu wahren, fast unerträglich. Er wandte sich an einen der Arbeiter:

„Rufen Sie meine Frau, und beeilen Sie sich."

Es würde einige Minuten dauern, bis Sophia kam, die weiter unten am Hügel eine Arbeitskolonne führte, und so suchte er inzwischen weiter. Als er die Breite des ehemaligen Tores abschritt, blitzte es metallisch auf: Zwei Kupferbänder lagen in der Mitte der Öffnung, wo sich einst die hölzernen Flügel des Tores getroffen hatten. Wenn es noch eines Beweises bedurft hätte, hier hatte er ihn. Es waren die Torriegel.

Atemlos kam Sophia den Hang empor, das gebräunte Gesicht schweißnaß vor Anstrengung.

„O Gott, ich kann nicht mehr ...", keuchte sie. „Was gibt es?"

Dann sah sie die beiden Kupferriegel, und plötzlich liefen ihr die Tränen über die Wangen und mischten sich mit dem Schweiß.

„Du hast also das Skaiische Tor gefunden!" rief sie. Sie wäre gestürzt, hätte er sie nicht aufgefangen.

Er strahlte. „So sieht es aus. Aber du hättest dich nicht so zu beeilen brauchen. Auch gute Nachrichten haben immer noch ein paar Minuten Zeit."

„Weißt du, so ganz richtig habe ich manchmal schon nicht mehr an deine Theorie geglaubt", flüsterte sie an seiner Schulter. „Aber jetzt ist ja alles gut."

„Noch nicht alles", gestand er. „Das Skaiische Tor Homers war ein Doppeltor. Und wir haben erst eines davon ... Wir brauchen noch das zweite. Du bleibst jetzt hier. Wir suchen es gemeinsam. Es kann nicht weit sein."

Die Mauern bildeten hier einen sechs Meter breiten Korridor nach der Stadt hin. Sie schritten suchend nebeneinander her, und schon nach sieben Metern fanden sie die beiden Mauervorsprünge, die rund siebzig Zentimeter in die Straße vorragten und knapp einen Meter breit waren.

„Hier war das zweite Tor in der Mauer verankert." Er deutete auf die Vorsprünge. „Wir haben es also gefunden, das doppelte Skaiische Tor ... Und wenn du mich fragst, dann ist das große Bauwerk oberhalb des Tores der Palast des Priamos", sagte er. „Nur beweisen kann ich es noch nicht, und darauf kommt es ja an. Nur das zählt."

Sie blickte ihn an. „Aber wenn das der Palast ist, dann

besteht doch die Möglichkeit, daß wir dort besondere Funde machen."

„Da hast du recht. Es hängt allerdings auch davon ab, wie lange die Sieger zur Plünderung Zeit hatten. Je gründlicher sie zu Werke gingen, um so weniger werden wir finden."

„Und wenn es gar ein Schatz wäre? Der Königsschatz?"

„Dann wäre es wie im Märchen — und du wärst die Märchenprinzessin."

„Soll ich dir etwas sagen?" flüsterte sie. „Ich glaube an den Schatz. Seit heute glaube ich daran."

„Dann mach das mal", sagte er. „Aber ich muß morgen nach Canakkale! Ich muß den Fotografen holen. Er soll die Straße, das Doppeltor und vor allem die Halterungen aufnehmen. Dann brauche ich den Vermesser Laurent. Er soll eine Karte von unseren Ausgrabungen machen und dazu einen Plan für die Freilegung der Reste der Akropolis. Die Karte ist besonders wichtig, denn sie soll mir später auch als Beweis dienen."

„Du willst also morgen früh fort?"

„Ich muß", sagte er. „Ich will auch mit Calvert reden. Wie du weißt, steht ein Teil des Bauwerks, das ich für den Palast halte, auf seinem Grundstück. Und es ist noch längst nicht ausgemacht, daß er uns die Grabungserlaubnis gibt."

„Wie steht es mit den Arbeiten hier?"

„Daran ändert sich nichts. Die Leute machen da weiter, wo sie heute abend aufhören. Besondere Schwierigkeiten sind nicht zu befürchten, nehme ich an."

Doch hier sollte er sich täuschen.

Nach seiner Rückkehr fand er seine Frau zitternd und hilflos weinend im Wohnzimmer eingeschlossen. Einer der Vorarbeiter hatte in der Nacht versucht, sie zu vergewaltigen. Nur auf Sophias dringende Bitte hin verzichtete er darauf, den Mann nach Canakkale ins Gefängnis schaffen und unter Anklage stellen zu lassen.

„Bitte erspare mir das", flüsterte sie. „Die Verhöre und Protokolle ... Ich will das nicht in der Erinnerung noch einmal durchmachen. Es war so schrecklich. Ich will statt dessen versuchen, das alles rasch zu vergessen."

Er zögerte.

„Schick ihn fort! Laß ihn laufen ... Solche Verhandlungen können sich über Monate hinziehen."

Er nickte schließlich und begnügte sich mit der sofortigen Entlassung des Mannes. Am Nachmittag brachte ein Bote ein Telegramm für Sophia: *Vater schwer erkrankt. Bitte, komme sofort.*

„Ich begleite dich", sagte er. „Wir setzen die Arbeiten ein paar Tage aus. Die Leute kehren in ihre Dörfer zurück und kommen später wieder."

„Nein, nein!" wehrte sie ab. „Du darfst jetzt Hissarlik nicht verlassen. Wer weiß, was es für Schwierigkeiten gibt. Die Sache mit Frank Calvert ist nicht ausgestanden, wie du sagst ... und dann die Türken ... Du wirst hier gebraucht, falls rasche Entschlüsse notwendig sein sollten."

„Gut", sagte er zögernd. „Dann nimmst du Polyxane mit. Sie ist kaum jemals über ihr Dorf hinausgekommen. Für sie ist es eine Belohnung. Und ich bringe euch nach Canakkale."

Die beiden Frauen reisten dann über Konstantinopel nach Athen weiter. Dort mußte Sophia erfahren, daß ihr Vater in der Nacht ihrer Ankunft gestorben war. Die beiden blieben über die Trauertage bei der Familie und reisten dann zurück.

Schliemann holte sie wieder in Canakkale ab. Unterwegs berichtete er: „Calvert hat inzwischen erfahren, daß wir das Skaiische Tor, die Straße und den Palast des Priamos gefunden haben. Nun verweigert er uns alle Grabungen auf seinem Besitz."

„Und sagt er auch, warum?"

„Natürlich nicht."

Sie nickte. „Das habe ich fast befürchtet."

„Neid ist eben eine starke menschliche Triebfeder. Da kann man nichts machen. Aber wir werden damit leben können. Doch das ist noch nicht alles."

„Noch etwas?" fragte sie bestürzt. „Da bin ich aber gar nicht neugierig."

„Trotzdem muß ich es dir sagen. Ich war, ehe ihr ankamt, im Gouverneurspalast. Der alte Verwaltungschef wurde abberufen. Jetzt sitzt dort ein neuer Gouverneur. Er heißt Ibrahim Pascha. Er war nicht unfreundlich, aber deutlich auf Abstand bedacht. Wir tranken eine Tasse Kaffee zusammen. Dabei sagte er mir, das neue Gesetz, das die archäologischen Grabungen in der Türkei regelt, hat seine endgültige Fassung erhalten und kann jeden Tag in Kraft treten. Es fehlt nur noch die Unterschrift das Sultans oder seines Kultusministers."

„Nicht gerade die besten Neuigkeiten", sagte sie beklommen.

„Vermutlich nicht. Aber wir kommen schon zurecht."

„Hast du schon irgendwelche Entschlüsse gefaßt?" Sie warf ihm einen Blick zu und sah, daß er seinen Gleichmut mit Sarkasmus zu halten suchte.

„Wir machen eben weiter."

Sie nickte. „Die beste Lösung. Wir stecken den Kopf in den Sand und tun, als wäre alles in Ordnung."

Die Arbeiten nahmen ihren Fortgang. Nun, da sie einen Vorarbeiter weniger hatten, war Sophia täglich bei den Grabungen und leitete einen eigenen Trupp. Die Männer gruben jetzt in einer Tiefe von zehn Metern unmittelbar neben dem Palast des Priamos.

Sie kamen jedoch nur quälend und langsam voran, denn sie mußten sich durch eine zwei Meter dicke Schicht aus roten geschmolzenen Ziegeln, hart wie Fels, kämpfen.

Doch dann wurde es wieder besser. Sie stießen auf weicheren Schutt, dick mit Asche vermischt. Schliemann arbeitete neben Sophia mit dem Rechen. Beide wußten, wenn sie etwas finden würden, dann hier. Behutsam kämmten sie die Asche durch. Er hatte erst wenige Minuten gearbeitet, als die Holzzinken gegen etwas Hartes stießen. Es klang wie Metall. Sophia stand neben ihm und wartete.

Er legte den Rechen weg, kniete nieder und schob den Ascheschleier mit den Händen beiseite. Ein ungewöhnlich großer ovaler Kupferschild glänzte plötzlich auf.

Behutsam hob er ihn an der Schmalseite hoch, ließ ihn aber sofort wieder fallen. Er hatte Gold gesehen. Viel Gold!

Die Freude war im Augenblick fast unerträglich. Der Schatz gab ihm recht!

Sein Herz schlug und schlug. „O Gott, was machen wir jetzt?“

„Was hast du?“ fragte Sophia. Ihre Stimme zitterte plötzlich. „So sag doch etwas ...“

„Gold!“ sagte er leise. „Furchtbar viel Gold ...“ Er hob den Kopf, und sie blickten einander mit geweiteten Augen an.

Sophia sah das Gesicht ihres Mannes, das abwesend schien. Zwei weiße Flecken hatten sich auf seinen Wangen gebildet. „Ich glaube, wir sind auf den Schatz des Priamos gestoßen.“

Sie reagierte als erste und blickte über die Schulter nach den Männern, um zu sehen, ob man sie beobachtet hatte. Doch die Leute arbeiteten weiter. Niemand beschäftigte sich mit ihnen. Niemand hatte etwas bemerkt.

„Deck den Schild mit Asche wieder zu“, sagte sie. „Wir lassen alles, wie es ist.“

Mechanisch schoben seine Hände die grauschwarze Asche wieder über den Schild und klopften sie zu einem zentimeterdicken Polster zusammen. Was konnte er tun? Er erwog mehrere Möglichkeiten, doch er war zu sehr erschüttert, um schon einen Entschluß fassen zu können. Langsam erhob er sich und wischte den Schmutz von den Hosen.

„Die Leute müssen weg“, entschied er schließlich. „Niemand darf etwas von unserer Entdeckung erfahren, sonst wandert alles nach Konstantinopel.“

„Aber wie stellst du dir das vor?“

Nun, da die Aufregung allmählich abzuklingen begann, konnte er wieder planen.

„Sag den Leuten, wir arbeiten heute nicht. Erfinde

einen Grund ... Irgendeinen glaubhaften Grund, sonst wird alles nur noch schlimmer ... Sag ihnen meinetwegen, ich sei krank. Erfinde irgend etwas! Sage ihnen, sie bekämen den Tag voll bezahlt."

Sophia zögerte. „Wir haben erst sieben Uhr morgens."

„Egal! Wir dürfen kein Risiko eingehen. Wenn einer der Leute durch einen dummen Zufall das Gold findet, ist es für uns verloren, und zwar für immer ... Mach dir das klar! Unser türkischer Aufseher wird es beschlagnahmen und dafür befördert werden. Das darf nicht sein."

Sie nickte und wandte sich ab.

Während er jetzt unauffällig die Asche mit den Füßen festtrat, sah er sie bei den Männern. Er verstand nicht, was sie sagte; aber dann hörte er die Jubelschreie der Arbeiter.

Sie lachten und warfen die Schaufeln beiseite. Einige umarmten sich vor Begeisterung und beklopften einander den Rücken.

Erst die energischen Befehle der beiden Aufseher brachten sie dahin, daß sie die Arbeitsgeräte einsammelten und zum Geräteschuppen neben Schliemanns Haus trugen.

In einer langen Reihe warteten sie dann auf den Lohn, den ihnen Yannakis auszahlte.

Sophia kam heran, das Gesicht vor Aufregung gerötet. „Es sieht aus, als ginge alles gut."

„Sag ihnen, wir sehen uns Montag morgen wieder. Und rede auch mit den Aufsehern und vergiß Yannakis nicht. Sie sollen sich alle über das Wochenende frei nehmen. Wenn es irgend geht, richte es so ein, daß dich auch unser türkischer Aufseher hört. Wenn Amin Efendi hierbleibt, war alles umsonst."

„Was machst du eigentlich?" fragte sie. „Du stehst auf dem Kupferschild und hältst dich vornehm zurück."

„Du mußt das für mich machen", sagte er leise. „Bei dir wird niemand Verdacht schöpfen. Was mich angeht, so bin ich mir nicht sicher, ob ich so unbefangen wirken würde, wie das notwendig ist, um sie zu überzeugen. Was hast du ihnen eigentlich gesagt, warum wir heute nicht arbeiten?"

Sie lächelte ihn an. „Ich sagte, du hättest Geburtstag. Es sei mir gerade erst während der Arbeit eingefallen."

„Und das haben sie dir geglaubt?" fragte er überrascht.

„Warum nicht? Es kommt immer darauf an, wie man so etwas macht. Ich wirke eben überzeugend, meinst du nicht?"

„Na, dann wirke mal weiter", sagte er sarkastisch.

Doch sie machte ihre Sache großartig, sah er. Yannakis wollte sie im ersten Überschwang umarmen, schreckte aber dann zurück und kniete nieder, um ihr die Hand zu küssen. Auch die beiden Aufseher strahlten; nur Amin Efendi blieb zurückhaltend. Immerhin schien er keinen Verdacht zu schöpfen.

„Mein Mann möchte, daß Sie alle seinen Geburtstag feiern", sagte sie. „Er will, daß Sie alle fünfzig Piaster zusätzlich erhalten und in Erenkoi einen Schluck auf sein Wohl trinken."

Nun kamen sie heran, umarmten ihn und wünschten tausend glückliche Jahre. Minuten später jagten sie auf ihren Eseln davon. Von Zeit zu Zeit blickten sie zurück, lachten und winkten, kaum anders als Kinder, deren Unterricht überraschend ausfiel. Schliemann erwiderte ihr Winken und blieb auf seinem Platz, bis auch der letzte seinen Blicken entschwunden war.

„O Gott", stöhnte Sophia. „Ich bin fast gestorben vor Sorge und Aufregung. Noch einmal könnte ich das nicht durchstehen."

„Du könntest es, wenn es sein müßte. Da bin ich ganz sicher."

Er zog sie an sich und küßte sie auf die Nasenspitze. „Du warst schlichtweg großartig."

„Na, na, na ... Was sollen diese jähen Anflüge von Zärtlichkeit!" rief sie. „Hoffentlich waren meine Verstellungskünste nicht verschwendet! ... Wie geht es jetzt weiter? Wo hast du eigentlich deinen Schatz? Ich kann es schon nicht mehr erwarten."

„Keine Sorge, du wirst ihn sehen! Trotzdem ist es besser, wenn wir noch eine halbe Stunde hierbleiben. Es könnte immerhin sein, daß einer zurückkommt, weil er etwas vergessen hat. Stell dir nur vor, es wäre unser Freund Amin Efendi, und er stünde plötzlich vor uns, während wir das Versteck ausräumen."

„Nun gut, dann werde ich mir ein anderes Kleid anziehen. Mein jetziges klebt mir auf der Haut."

Als sie zurückkehrte, hockte er auf einem Stein und blickte nach Norden. Niemand zeigte sich. Alles war still. Ringsum standen die schwarzen Schachtwände, Hügel aus Schutt und frischer Erde ragten aus der Steppe. Überall lagen Scherben und Steine im Gras. Einzelne gefällte Bäume waren zu sehen, deren Blattwerk längst verwelkt war.

„Sieht nicht gerade sehr einladend hier aus", sagte er

und sprang auf die Füße. „Gehen wir!"

Sie kletterten in den Graben. Es ging mehr als zehn Meter abwärts bis zur großen Straße. Sie gelangten zur Palastmauer; ein kaum wahrnehmbarer Aschehügel zeigte ihm die Stelle. Er kniete nieder, fand den Schild und hob ihn hoch. Er maß in seiner Längsachse fünfzig Zentimeter und besaß in der Mitte einen Buckel, um den eine Rinne lief. Unter dem Schild lag ein kupferner Kessel mit zwei waagerechten Henkeln, der sicher aus dem königlichen Haushalt stammte. Zu jeder anderen Zeit hätte er sicher Schliemanns besonderes Interesse geweckt, doch nun legte er ihn nach einem flüchtigen Blick beiseite. Es folgte eine kupferne Platte, eingefaßt von einem zwei Millimeter hohen Rand. Sie hatte unter der Hitze gelitten und sich an zwei Stellen gehoben; außerdem war eine silberne Vase auf ihr festgeschmolzen.

„Eine Vorlegeplatte", sagte Sophia. „Auf ihr servierte man bei Tisch die Speisen. Aber sieh dir das an!" Sie deutete auf eine runde Flasche aus purem Gold. „Ist sie nicht herrlich?"

Er holte die Flasche aus ihrem Versteck. Sie war etwa fünfzehn Zentimeter hoch und besaß einen Durchmesser von zwölf Zentimetern.

„Sie ist wirklich einmalig schön", gab er zu, „und schwer ... Ich schätze vierhundert Gramm. Vierhundert Gramm reines Gold! Und alt ist sie auch — rund dreitausend Jahre. Kaum vorstellbar", murmelte er. Er nahm sie hoch und legte sie in ihre Hände. „Sie gehört dir."

Sie stieß einen leisen Schrei aus. „Sieh mal die Zickzacklinie am Hals! Sie ist angefangen, aber nicht vollendet."

Als nächstes hob er eine goldene Schale aus der Grube, dann mehrere schwere Goldbecher, alle im Gewicht zwischen zweihundert und sechshundert Gramm. Der größte hatte die Form eines Schiffes; er besaß zwei Henkel, dazu zwei verschieden lange Öffnungen zum Trinken.

„Verstehst du das?“ fragte sie. „Warum zwei Trinköffnungen?“

Er drehte den Becher in den Händen. Die kleinere Öffnung war etwa drei Zentimeter lang, die größere ungefähr sieben.

„Ich könnte mir vorstellen, daß man diesen Prunkbecher nur bei besonderen Gelegenheiten gebrauchte. Aus der kleineren trank der Gastgeber vor; die zweite, größere, war für den Ehrengast bestimmt. Aber wohlgemerkt, das ist nur eine Vermutung. Sie kann auch ganz falsch sein.“

Die nächsten Gegenstände waren aus Silber, doch nicht weniger kunstvoll. Er holte drei Vasen hervor, alle mit kugelrundem Boden, so daß man sie nicht stellen konnte. Man mußte sie entweder hängen oder irgendwo anlehnen. Dann einen Becher, einen Teller sowie drei weitere Vasen. Die größere besaß einen hutähnlichen Deckel und zwei Öffnungen, durch die man eine Schnur ziehen konnte. Schließlich fand er ein langes Kupferband, in dem zwei Nagelköpfe steckten.

„Was ist das?“ fragte sie verblüfft. „Das paßt eigentlich gar nicht zu den übrigen Schätzen.“

„Da hast du recht.“ Er drehte das Kupferband und besah es auf beiden Seiten. „Es gehört auch nicht dazu. Es ist das Schließband der Truhe, in der man den Schatz verwahrte. Das Holz ist verbrannt. Es blieb nur das Metall."

Er suchte weiter. Es folgten dreizehn kupferne Lanzenspitzen. In den runden Enden waren noch die Löcher zu erkennen, durch die man die Waffen an die hölzernen Schäfte genagelt hatte. Es folgten Kupferdolche und Messer. Dann griff er tiefer und brachte einen zehn Zentimeter langen Kupferschlüssel heraus.

„Was sagst du jetzt!" Seine Augen leuchteten. „Das ist der Beweis. Alles, was wir hier finden, hatte sich in einer Truhe befunden, die verbrannte."

„Gibst du mir einmal den Schlüssel?" Sie drehte ihn in der Hand. „Sieh dir das an! Der Bart ist ebenso lang wie breit — fünf Zentimeter, schätze ich."

„Also kein Schlüssel für die Tasche."

„Schade, daß das Schloß fehlt! Es wäre sicher interessant gewesen, zu wissen, wie es arbeitete", rief sie. „Läßt du mich auch einmal suchen? Da gibt es doch noch mehr!"

Er rückte zur Seite. Sie kniete neben ihm nieder, und Wange an Wange spähten sie hinab. Er hörte, wie sie plötzlich die Luft anhielt.

Dann brachte sie ein silbernes Gefäß hervor, das bis zum Überlaufen mit Goldschmuck gefüllt war. Ohrgehänge, Ringe, Armbänder, Ketten und Knöpfe, alles aus reinem Gold, lagen durcheinander. Sie holte immer wieder einzelne Stücke heraus, und ihre Hände zitterten in freudiger Erregung.

„Mein Gott", flüsterte sie. „Das ist ja mehr als ein Vermögen, selbst wenn man den historischen Wert außer acht läßt."

„Das will ich meinen."

Sie kniete am Boden, und ihre Augen huschten über die königlichen Kostbarkeiten, die seit dreitausend Jahren metertief unter der Erdoberfläche verborgen gewesen waren.

„Heilige Mutter Gottes, nie in meinem Leben habe ich auch nur etwas annähernd so Schönes gesehen! Ich hätte nicht einmal gedacht, daß es so etwas geben könnte."

Schliemann fuhr sich über die Stirn. Er schwitzte und stellte fest, daß sein Hemd ganz naß und kühl war. Seine Spannung hatte für einige Augenblicke nachgelassen.

„Wir müssen die Sachen ins Haus bringen und dort verstecken", erklärte er. „Es ist hier zu gefährlich. Am besten, du holst eine große Tasche und bringst deinen Schal mit. Ich bleibe hier. Wir können es nicht wagen, den Schatz allein zu lassen."

Bis zum Haus waren es nicht einmal hundert Meter, und sie kam nach wenigen Minuten zurück. Er wickelte die Becher und die goldene Flasche in ihren Schal, und sie brachte sie ins Haus. Als sie zurückkam, hatte er die Silbersachen und einen Teil des Schmucks in die große Tasche gepackt. Sie wechselten sich ab und brachten die Funde ins Schlafzimmer und in den Arbeitsraum. Obwohl sie auf diese Weise ständig unterwegs waren, dauerte es länger als eine halbe Stunde, bis sie das Versteck ausgeräumt hatten.

Erschöpft sank Sophia schließlich auf einen Stuhl. „Ich kann nicht mehr!" stöhnte sie. „Ich brauche jetzt zunächst einmal eine Viertelstunde Ruhe."

Er schloß die Vorhänge und schob den Tisch vor die Tür. Dann holte er ein Bettlaken, breitete es über sein

Bett und leerte die erste Vase über dem Leinentuch aus. Ein Sturzbach von Gold und Silber ergoß sich über die leere weiße Fläche, Ringe, Ohrgehänge, Armreifen und Ketten rollten durcheinander.

Aus einem Behälter holte er ein goldenes Diadem. Es bestand aus einem langen Stirnreifen, von dem auf jeder Seite sieben Ketten, gleichfalls aus Gold, herabhingen, jede mit Goldplättchen verziert und durch Querkettchen verbunden. Ein zweites Diadem war fünfzig Zentimeter lang und bestand aus einer Kette, von der auf beiden Seiten acht weitere, dicht mit Goldblättern bedeckte Ketten hingen.

„Trug das eine Königin?" fragte sie.

„Ganz sicher."

„Darin muß jede Frau schön aussehen, meinst du nicht?"

„Das werden wir jetzt feststellen."

Er wandte sich plötzlich um und setzte ihr das Diadem auf. Es paßte, als wäre es für sie gefertigt worden. Er verbeugte sich tief. „Du bist schöner als Helena", flüsterte er und küßte sie. „Wer könnte sich mit dir vergleichen!"

Er legte ihr einige Halsketten um, steckte die schönsten Ringe an ihre Finger, schmückte sie mit Armreifen und dem Ohrgehänge.

Sie errötete vor Freude, als sie in den Spiegel blickte.

„Gefalle ich dir wirklich?" Sie drehte sich um sich selbst.

„Wenn die Frauen der Trojaner so schön waren wie ihre Goldschmiede geschickt, dann waren sie ein beneidenswertes Volk. Doch du bist die Schönste — Königin Sophia!"

„Klingt ein bißchen nach Märchen, kommt mir vor."

„Es ist ein Märchen, wenn du bedenkst, wie groß unsere Chancen waren, diesen Schatz zu finden", sagte er. „Fünf Meter weiter, und einer der Arbeiter hätte den Schild und die Kostbarkeiten darunter entdeckt."

„Und wir wären leer ausgegangen."

„So ist es. Und was meinst du, was davon wirklich in Konstantinopel angekommen wäre? Noch nicht einmal die Hälfte. Dafür kenne ich den Orient zu gut."

Während sie den Schmuck vor dem Spiegel Stück um Stück wieder abnahm, fragte sie:

„Was ich nicht verstehe — wir haben den Königsschatz doch außerhalb des Palastes gefunden, sozusagen auf der Straße. Wie kam er dort hin?"

„Eine gute Frage", nickte er. „Ich vermute, irgendwer versuchte die Truhe in Sicherheit zu bringen, während der Palast brannte. Es muß ein Mann gewesen sein, denn eine Frau hätte eine solche Last niemals tragen können. Vielleicht wurde er dabei verfolgt und ließ die Truhe fallen, um schneller fliehen zu können. Sie fiel dabei auf ein dickes Aschepolster, und wenig später stürzten irgendwelche Trümmer darüber, so daß niemand sie sah. Oder aber er mußte aufgeben, weil das Feuer ihn einschloß. Die Schätze hätten sicher sehr viel stärker unter der Hitze gelitten, hätte nicht der Schild zuoberst gelegen."

Sie nickte zustimmend. „Und was wird jetzt mit allem? Den Vasen, Diademen, Bechern, den Schmuckstükken und all den anderen Dingen, die wir gefunden haben?"

„Was soll damit werden!" Plötzlich war er erregt. „Sie

sind unser Hinweis, daß wir das Troja Homers gefunden haben. Und sie sind überzeugender als alle Skizzen, Fotos und Lagepläne, glaub mir das."

„Heißt das, du willst den Schatz behalten?"

Er starrte sie an. „Ja, das heißt es. Wir werden ihn verstecken und alles daransetzen, ihn heimlich außer Landes zu bringen. Und wenn ich dafür zwei Jahre ins Gefängnis gehe."

„Türkische Gefängnisse sind kein Zuckerlecken", warnte sie. „Noch ist das neue Gesetz nicht in Kraft. Die Hälfte müßten sie uns in jedem Fall überlassen."

„Da kann ich nur lachen! Der neue Gouverneur würde nach Konstantinopel telegrafieren: Zwei Stunden später wäre das Gesetz unterschrieben und verkündet ... Und wir hätten das Nachsehen. Nein, nein, darauf lasse ich mich nicht ein. Aber selbst wenn der Schatz geteilt würde — redlich geteilt ... Was wäre er dann noch wert?"

Die Aufregung übermannte ihn. Er schritt im Schlafzimmer auf und ab. Sie wußte, es war gefährlich, ihm in solchen Minuten Widerstand zu leisten. Resigniert senkte sie den Kopf. „Ich kann nur hoffen, du weißt, was du da riskierst."

„Das weiß ich", entgegnete er. „Und ich weiß auch, daß dieser Schatz jedes Risiko wert ist."

Sein Mund wurde von der kräftigen Kinnlade zusammengepreßt. Sie kannte diesen Ausdruck harter Entschlossenheit an ihm. „Und wenn du dem Museum alles überläßt?"

„Dazu ist es zu früh. Der Fund ist im Augenblick meine stärkste Waffe gegen Spott, Mißtrauen und Unglauben. Später einmal werde ich ihn einem Museum überlassen. Wann das sein wird, weiß ich heute noch nicht. Er soll auch nicht irgendwo in zwei Räumen untergebracht werden. Ich will, daß es ein Schliemann-Museum wird - ob in Konstantinopel, Athen, Paris, London, Berlin oder New York, ist zweitrangig."

Sie nickte. Kein Argument der Welt würde ihn umstimmen. „Dann bleibt jetzt nur noch die Frage: Wie willst du das alles hier herausbekommen."

Plötzlich lächelte er. „Mit unserem Versorgungsschiff selbstverständlich. Nichts leichter als das. Wir packen die Funde in unsere Wäsche und geben die Koffer nächste Woche an Bord."

„Hört sich einfach an", meinte sie sarkastisch.

Er nickte arglos. „Ist es auch. Und nun wollen wir mit dem Packen beginnen."

Sie arbeiteten bis spät in die Nacht, sortierten und reinigten die Funde, wickelten sie in die Wäsche und brachten sie in Koffern und Kisten unter. Sophia schlief beinahe im Stehen ein. Die verschlossenen Koffer schoben sie unter die Betten, die Kisten stapelten sie hinter den Kleidern.

Sie schliefen in tiefer Erschöpfung bis spät in den Sonntag und gingen dann zum Schwimmen an den Strand. Am Montag erschienen sehr viel weniger Arbeiter als an den Tagen zuvor.

Schliemann zeigte sich bestürzt und verärgert. „Was ist los? Wo sind die Leute?" fragte er die Vorarbeiter.

Yannakis machte den Sprecher. „Sie bringen die Ernte ein, Herr. Das Wetter ist günstig."

„Und mich lassen sie einfach im Stich?"

„In ein paar Tagen sind alle wieder da."

„In ein paar Tagen? ... Daß ich nicht lache! In ein paar Tagen machen wir sowieso Schluß für dieses Jahr. So lange hätten sie auch noch warten können."

„Die Leute kommen alle zurück. Sie sind sehr zufrieden mit der Arbeit und dem Lohn."

„Na schön", lenkte Schliemann ein. „Und wie viele sind heute gekommen?"

„Sechzig, Herr."

„Gut, dann wollen wir anfangen und nicht noch mehr Zeit verlieren."

Während die Männer mit ihren Arbeitsgeräten abrückten, ging Schliemann zu Sophia. „Besser hätte es gar nicht kommen können", sagte er leise, und plötzlich lächelte er. „Das gibt uns den Vorwand, die Arbeiten bald einzustellen. Wir werden nur noch den Rest der Mauer bis zum Skaiischen Tor freilegen und im Palast graben. Dann ist Schluß."

Niemand hatte sie beobachtet. Niemand konnte auch nur das geringste wissen. Davon waren beide überzeugt. Zunächst glaubten sie, die Männer trauerten der zu Ende gehenden Arbeit nach, denn Yannakis hatte damit begonnen, die überzähligen Arbeitsgeräte, die Schaufeln, Schubkarren und Brechstangen zu reinigen, zu ölen und für den Abtransport vorzubereiten. Dann meinten sie, sie sähen Gespenster und ihre überreizten Nerven spielten ihnen einen Streich, aber die Tatsache blieb: Etwas in der Atmosphäre der Grabungen hatte sich verändert. Die Leute flüsterten miteinander, sie steckten auch die Köpfe zusammen und verstummten jäh, wenn sie vorübergingen. Ahnten sie nicht doch etwas? Hatte sie der freie Samstag mißtrauisch gemacht? Der Aufseher, Amin

Efendi, sprach kaum noch mit Schliemann. Er zeigte auch keinerlei Freude, wenn er die Hälfte der Funde auswählte. Keiner der Arbeiter wurde aufdringlich oder machte eine ungehörige Bemerkung. Dennoch herrschte eine Unterströmung von Argwohn, Zurückhaltung und Mißtrauen.

„Spürst du es auch?“ fragte Sophia. „Es ist nicht mehr so, wie es noch vor einer Woche war.“

Er nickte. „Aber du kannst sicher sein, niemand weiß etwas.“

„Im Haus war auch niemand. Das hätte ich bemerken müssen. Niemand hat die Koffer zu öffnen versucht, und an den Kisten hat sich auch niemand zu schaffen gemacht.“

„Wir werden die nächsten Tage noch überstehen“, tröstete er.

„Irgendwie vermuten sie, daß etwas Entscheidendes geschehen ist. Wie lange dauert es noch, bis unser Schiff kommt?“

„Eine Woche, wenn es pünktlich ist. Bis dahin muß alles bereit sein. Ich werde einen Teil der Leute von den Grabungen abziehen, damit sie mit Yannakis Kisten und Lattenverschläge zimmern.“

Am gleichen Tag trafen der Fotograf Siebrecht und der Kartograph Laurent ein und machten sich daran, den Ausgrabungsort in Karten und Bildern festzuhalten. Da Sophia bei den Grabungen nicht mehr gebraucht wurde, blieb sie im Haus und sortierte die Funde, die verpackt werden sollten, zunächst in Körbe, später dann in die Kisten, die ihr Yannakis nach und nach lieferte.

Amin Efendi blieb in diesen Tagen wie ein Schatten

an ihrer Seite. Er kontrollierte jedes Stück, das sie in die Körbe und Kisten legte. Schweigsam, höflich, konzentriert stand er neben ihr. Er brachte keine Beschuldigungen vor, er versuchte auch nicht, die Arbeiten zu behindern oder zu verzögern. Doch in seinem Blick lag die stumme Hilflosigkeit des Geprellten.

Das kleine Schiff traf am 13. Juni ein. Sie mieteten einen Pferdewagen. Unter den aufmerksamen Augen Amin Efendis luden die Männer die Kisten und Körbe auf den Wagen.

Jedes Stück hatte der Türke mit seinem Zeichen versehen, das bedeutete, daß der Inhalt von ihm persönlich kontrolliert worden war.

Doch noch war die Gefahr nicht gebannt. Aufmerksam stand Schliemann dabei, als man endlich die persönlichen Dinge, Kisten, Körbe und Koffer an Bord brachte, die den Schatz enthielten. Amin Efendi hatte keine Einwände und ließ die Gepäckstücke ohne Einspruch passieren.

Wortlos wandte Schliemann sich schließlich ab. Doch seine Erleichterung war ungeheuer, als das kleine Dampfschiff endlich mit schwarzer Rauchfahne über das Ägäische Meer in Richtung Piräus davondampfte. Der Kapitän hatte von ihm die Anweisung erhalten, den griechischen Zollbehörden keinesfalls Einblick in das persönliche Gepäck zu gestatten. Notfalls sollten alle Teile versiegelt im Zollschuppen bis zu seiner Ankunft aufbewahrt werden.

Noch am gleichen Tag brachten zwei Fischerboote alle Arbeitsgeräte gleichfalls nach Piräus, wo sie in Lagerschuppen gestapelt werden sollten, bis Schliemann über ihre weitere Verwendung entschied.

Am Abend entlohnte Yannakis die letzten Arbeiter. Schliemann hielt eine kleine Ansprache in Griechisch und Türkisch.

Seine freundlichen Worte trugen sichtlich dazu bei, die feindselige Atmosphäre der letzten Tage zu entspannen, zumal er in Aussicht stellte, daß die Grabungen eines Tages fortgesetzt würden.

In einer langen Reihe schritten die Männer hintereinander an ihm und Sophia vorbei, und jeder murmelte gute Wünsche, Gesundheit und Hoffnungen auf ein Wiedersehen.

Kaum eine Stunde später ritten sie auf ihren kleinen Eseln über die Steppe in die beginnende Dämmerung hinein.

Yannakis und Polyxane blieben zurück. Schliemann versprach ihnen, daß sie auch weiterhin ihren Lohn erhalten würden. Dafür sollten sie die restlichen Terrakotten einsammeln, in Kisten verpacken und nach Griechenland schicken, dazu alles, was in der Eile vergessen worden war.

Yannakis standen die Tränen in den Augen beim Abschied, und Polyxane weinte in Sophias Armen.

Die Schliemanns verbrachten die letzte Nacht in ihrem Haus. Am frühen Morgen holte sie eine Kutsche ab, die sie nach Canakkale bringen sollte. Sophia blickte zurück auf das kleine, ärmliche Haus, das so lange ihr Heim gewesen war, auf den von Furchen und tiefen Schächten durchzogenen Hügel und das Meer. Die Einzelheiten begannen bereits zu verschwimmen; manches kam ihr seltsam vor, schon nicht mehr ganz glaubhaft, beinahe wie die gesamte Entdeckung Trojas. Nur eine Gewißheit blieb im nachhinein: Hier war sie glücklich gewesen, trotz aller Ängste, Sorgen und Mühen.

Enttäuschungen - Hoffnungen

Sicher erreichten die Funde den Hafen von Piräus. Die Zollbehörden ließen die Gepäckstücke ohne Kontrolle passieren. Der große Koffer mit den wichtigsten Goldschätzen war in einem Lagerraum auf dem Lykabettos-Hügel abgestellt worden, die übrigen Funde befanden sich in Monastiraki, wo Sophias Bruder Spyros hinter einem alten türkischen Haus einen verschließbaren Schuppen gemietet hatte.

Schliemanns erster Besuch galt dem Goldschatz. Zufrieden kehrte er zurück. „Es ist alles in Ordnung. Die Schlösser sind unversehrt."

„Und der Inhalt?" fragte Sophia. „Ich nehme doch an, du hast dich auch vom Inhalt überzeugt."

„Allerdings", gab er zu. „Ich konnte nicht widerstehen. Die Schätze sind sogar noch schöner, als ich sie in Erinnerung hatte. Einfach wunderbar."

„Wie soll es jetzt weitergehen? Du hast dir doch sicher schon Gedanken darüber gemacht."

Er lächelte in einem Anflug von Verlegenheit. „Für das Buch, das ich über Troja schreiben werde, lasse ich auch die Goldsachen fotografieren. Dein Bruder Spyros wird darum alle paar Tage mit einem kleinen Koffer zum Lykabettos gehen und einen Teil davon holen. Sie werden dann hier bei uns gereinigt, vielleicht auch instand gesetzt, soweit das notwendig ist, und dann Stück um Stück fotografiert."

„Ich nehme an, die Aufnahmen wird wieder Siebrecht machen."

„Richtig. Er ist ein gewissenhafter Mann. Jeder Fund wird mehrmals fotografiert. Die besten Aufnahmen suchen wir dann aus. Sie gehen zu Brockhaus nach Leipzig."

„Bist du denn sicher, daß Siebrecht auch den Mund hält?" fragte sie. „Das Ganze ist doch eine ungeheure Versuchung für den Mann. Er braucht es nur seiner Frau oder der Familie zu erzählen, und schon geht das Gerücht von einem riesigen Goldfund durch die Stadt."

„Er wird den Mund halten. Das ist keine Frage."

„Na, da wäre ich mir nicht so sicher", meinte sie. „Er muß es nicht einmal in böser Absicht tun."

„Er schweigt, glaub mir das." Er blickte seine Frau mit einem leisen Lächeln an. „Ich habe mich des ältesten Mittels bedient, das die Welt kennt ... Ich habe ihn bestochen. Er erhält eine große Summe, wenn nichts an die Öffentlichkeit gelangt. Außerdem wird er nie wissen, wo die Sachen gelagert sind. Und mit deinem Bruder wird er gar nicht erst zusammentreffen. Dafür sorge ich schon."

Schliemann wußte, was für ihn auf dem Spiel stand, und betrieb das Vorhaben mit Umsicht und Sachkenntnis. Niemand, auch nicht Sophias Familie, durfte sein Arbeitszimmer betreten, solange die Goldfunde dort gelagert waren. Der Fotograf kam, wann immer er ihn rufen ließ.

Zunächst wurden alle Stücke einzeln fotografiert, auch die Silbersachen, die Speere, der Schild und sogar der Kupferkessel. Aber er wollte den Lesern des Buches auch die vollständige Sammlung vorstellen. Dazu mußte er, zumindest für ein paar Stunden, alle Stücke zu sich nach Hause holen lassen. Doch das Risiko war beträchtlich, das wußte er. Gemeinsam suchten sie nach einer günstigen Stunde.

„Es müßte ein Tag sein, an dem wenig Verkehr herrscht. Vielleicht ein Sonntag", meinte er.

„Besser ein Feiertag."

„Aber ich kann nicht bis Weihnachten warten."

„Peter und Paul ist am 29. Juni", schlug sie vor. „An diesem Tag sind alle Geschäfte geschlossen, sogar die Cafés bis auf wenige Ausnahmen."

Der Tag war gut gewählt. Niemand beachtete sie, während sie am frühen Vormittag die Koffer vom Lykabettos-Hügel in einer Kutsche holten. Die Straßen waren menschenleer. Alle genossen den Feiertag und schliefen länger, um dann die Gottesdienste zu besuchen.

Sie gruppierten die achttausend Goldfunde auf vier langen Brettern im Gartenschuppen. Dort waren sie vor neugierigen Blicken geschützt; außerdem war das Licht günstig um diese Zeit. Schliemann legte die großen Stükke auf den Fußboden, und Sophia holte auch den Kupferschild und den Kessel.

Es dauerte einige Stunden, bis der Fotograf sicher war, gute Bilder liefern zu können.

„Und jetzt noch etwas", sagte Schliemann zu Siebrecht, der schon dabei war, seine Kamera einzupacken. „Zum Abschluß nehmen Sie noch meine Frau mit einem

Teil des Goldschmucks auf. Das Bild wird den Leuten deutlicher als alle Worte zeigen, wie jene trojanischen Königinnen aussahen."

Sophia hatte ein hochgeschlossenes schwarzes Kleid angezogen, von dem sich der Goldschmuck wirkungsvoll abheben würde. Er setzte ihr zunächst das Diadem auf: die langen Seitenstücke reichten bis zu den Schultern. Dann half er ihr beim Anlegen der Ohrgehänge, die aus je sechs Goldketten bestanden, an deren Enden goldene Idole hingen. Zwei weitere Ohrgehänge befestigte sie am Stehkragen des Kleides. Hinzu kamen die Halsketten.

Geduldig stand er dabei und half, während der Fotograf, unter dem schwarzen Tuch über die Kamera gebeugt, immer neue Korrekturen forderte, bis er endlich auf den Ballonauslöser drückte.

Doch dann waren alle begeistert. „Helena von Troja kann nicht schöner gewesen sein als du", rief er.

„Zumindest nicht glücklicher, wenn sie diese Last erst wieder losgeworden war", sagte sie und sank erschöpft auf einen Stuhl. „So viel Schmuck tragen zu müssen, kann auch für sie keine reine Freude gewesen sein. Machen wir Schluß für heute!"

Nach und nach holten sie nun auch die Körbe mit den übrigen Funden aus dem Lagerraum in Monastiraki. Zwei Archäologen halfen Sophia beim Reinigen und Sortieren der Gegenstände aus Elfenbein, Kupfer, Stein und Marmor. Schliemann hatte einen Schreiber bestellt, der Abschriften von seinen trojanischen Tagebüchern machte. Die eine Fassung sollte nach Leipzig zum Verlag Brockhaus gehen, die andere nach Berlin, wo sich der griechische Gesandte bereit erklärt hatte, eine französische Übersetzung anzufertigen. Er selbst wählte die Fotos aus, die den beiden Büchern mitgegeben werden sollten.

„Wenn erst einmal die beiden Bücher erscheinen, vor allem auch der Bildband, wird jeder wissen, daß wir den Schatz aus Troja herausgeschmuggelt haben“, sagte sie, über seine Schulter gebeugt.

„Da hast du recht“, gab er zu.

„Aber hast du auch die Folgen bedacht? Mit unserer Ruhe ist es dann hier vorbei.“

„Vielleicht, aber ich denke, es wird nicht ganz so schlimm werden“, meinte er. „Ich habe in den vergangenen Tagen mit mehreren Abgeordneten Verbindung aufgenommen und der Regierung ein Grundstück angeboten, dazu zweihunderttausend Franc, um auf dem Grundstück ein Museum zu bauen, das unsere gesamte trojanische Sammlung aufnehmen soll.“

„Aber das ist doch herrlich!“ rief sie und umarmte ihn. „Du bist ja selbst ein Schatz!“

„Höchste Zeit, daß du das einmal merkst.“

„Was sagten die Abgeordneten zu deinem Vorschlag?“

„Nichts Endgültiges“, gab er zu. „Aber das konnten sie wohl auch nicht, denn ich habe gewisse Bedingungen gestellt. Die Funde gehen damit nicht in das Eigentum des griechischen Staates über; sie sind nur Leihgaben. Sie bleiben mein Eigentum auf Lebenszeit.“

„Warum denn das?“ fragte sie überrascht.

„Die Welt soll wissen, daß die Sammlung mir gehört. Darum will ich auch das Recht haben, jederzeit ein

Stück aus der Sammlung nehmen zu können, ohne erst lange fragen zu müssen. Über die Gründe entscheide ich allein."

„Willst du die Sammlung auch in anderen Ländern zeigen?"

„Kann sein, aber das weiß ich noch nicht. Ich habe sogar noch eine Bedingung gestellt —"

„— noch eine?" fragte sie bestürzt.

„Richtig! Ich will die Erlaubnis haben, auch in Olympia und in Mykene graben zu dürfen. Graben ist mein Leben."

Sie starrte ihn an. „Und du glaubst, die griechische Regierung wird darauf eingehen? ... Da wirst du keine rasche Entscheidung erwarten dürfen. Sie will wegen uns bestimmt keine Schwierigkeiten mit Konstantinopel."

„Was uns angeht, hast du recht. Beim Schatz sieht die Sache schon anders aus ... Ich nehme an, sie sind in der Regierung klug genug, um zu erkennen, welch einmalige Chance sich ihnen mit meinem Vorschlag bietet."

Sophia teilte die Zuversicht ihres Mannes nicht. Doch sie schwieg.

Als sie dann wenig später sah, wie er einen langen Bericht über die Ergebnisse der Ausgrabungsarbeiten schrieb, in dem er auch die Entdeckung des Goldschatzes in aller Breite darstellte, verstärkten sich ihre Befürchtungen noch.

„Für wen ist das bestimmt?"

Er blickte auf. „Die *Augsburger Allgemeine Zeitung* hat mich um einen ausführlichen Artikel gebeten."

„Und warum tust du es?"

„Warum sollte ich nicht?" fragte er lächelnd.

„Ich nehme doch an, dir ist klar, daß du damit einen Entrüstungssturm entfachst? Die Türken werden vor Empörung aufschreien — und nicht nur das! Sie werden alles daransetzen, um unsere Funde in ihre Hand zu bekommen."

„Vielleicht werden sie das. Aber helfen wird's ihnen nicht. Und außerdem — ob sie es nun heute erfahren oder in einem halben Jahr, macht wenig Unterschied. Sobald der Bildband und die Tagebücher erscheinen, weiß es sowieso jeder."

Sie schwieg; und er beugte sich plötzlich vor. Seine Augen leuchteten auf.

„Um dir die Wahrheit zu gestehen — ich habe einfach nicht mehr die Kraft und Geduld, noch länger zu warten. Ich will, daß die Welt erfährt, daß ich das Troja Homers gefunden habe. Und dazu gehört nun einmal der Schatz. Er ist sozusagen das letzte Glied in der Beweiskette."

Sie erkannte, daß alle ihre Einwände ihn nicht umstimmen konnten, und noch etwas wurde ihr schmerzlich bewußt: Während der Grabungen auf Hissarlik war sie seine Partnerin gewesen. Dort hatte er seine Pläne mit ihr besprochen und ihren Rat eingeholt. Seit sie wieder in Athen wohnten, faßte er seine Entschlüsse allein. Hier war sie nichts weiter als seine Ehefrau. Und eine gute griechische Ehefrau, so wollte es nun einmal die öffentliche Meinung, hatte sich unterzuordnen, den Mund zu halten und den Mann nach Kräften zu unterstützen.

Die Folgen seiner Ungeduld zeigten sich rasch. Eine Woche nach der Veröffentlichung in der *Augsburger Allgemeinen Zeitung* vom 26. Juli 1873 brach das Unwetter los. Der türkische Gesandte in Berlin, dem man den Beitrag zugespielt hatte, unterrichtete telegrafisch den Kultusminister in Konstantinopel vom Inhalt der Artikelserie, und der Minister wandte sich sofort an den türkischen Gesandten in Athen. Der Gesandte legte Protest beim griechischen Kultusminister ein. Da die griechische Regierung, wie es Sophia vorausgesagt hatte, keine Verwicklungen mit den Türken wollte, reagierte der Minister sofort. Als erstes lehnte er Schliemanns Vorschlag ab, ein Museum in Athen für die trojanischen Funde zu bauen. Außerdem verweigerte er ihm die Erlaubnis, in Olympia graben zu dürfen. Die Genehmigung erhielt statt dessen die Preußische Archäologische Gesellschaft, die gleichfalls darum ersucht hatte.

Schliemann war empört. Sophia beobachtete ihn, wie er von einem Zimmer ins andere schritt. Sein Gesicht war gerötet, und er wirkte abwesend. Die Augen waren zusammengekniffen, als versuchte er, etwas zu erkennen, was eine Handbreit vor seinem Gesicht lag.

„So können sie mich nicht behandeln, am wenigsten die Griechen! Schließlich habe ich Troja für sie entdeckt. Weißt du, daß mir die Leute auf der Straße aus dem Weg gehen? Selbst im Café tun sie so, als kennen sie mich plötzlich nicht mehr."

Sophia wußte es. Sie kannte auch die Angriffe in der Presse. Eine Athener Zeitung hatte sich sogar zu der Behauptung verstiegen, sämtliche Kunstgegenstände seien von Schliemann bei einem Goldschmied in Auftrag gegeben worden, um damit seine These von der Entdeckung Trojas zu stützen. Vor allem die goldenen Exponate seien von ihm in den nahöstlichen Basaren gekauft worden.

Doch Schliemann war nicht gesonnen, diese törichten Angriffe widerspruchslos hinzunehmen. Nächtelang saß er am Schreibtisch und schrieb Erwiderungen an Zeitungen und Fachzeitschriften, in denen er die Argumente seiner Gegner zerpflückte. Zusätzlich bat er Freunde in allen großen europäischen Hauptstädten, ihm die Zeitungen und Zeitschriften zu schicken, die Beiträge über ihn und seine Arbeit enthielten.

Wenn die Gerüchte nicht trogen, die zur Zeit in Athen umgingen, plante die Türkei sogar, ihn vor Gericht auf Herausgabe des Goldschatzes zu verklagen. Sophia litt sehr viel stärker noch als ihr Mann. Schließlich brachte sie den Mut zu einer Aussprache auf.

„Wäre es nicht das beste, wir würden freiwillig auf die Hälfte der Goldfunde verzichten?" fragte sie zaghaft.

„Warum sollten wir?" entgegnete er schroff.

Sie zögerte. „Um nicht länger als Diebe und Schmuggler angesehen zu werden."

„Diebe, Diebe! . . . Wir sind keine Diebe. Was ein paar Dummköpfe sagen, interessiert mich nicht."

„Es sind sehr viel mehr als nur ein paar Dummköpfe, die meinen, daß wir Unrecht tun."

„Dafür kann ich nichts."

„Wir haben den Schatz mit List und in aller Heimlichkeit aus dem Land geschafft. Schon das allein, meinen sie, beweise unser schlechtes Gewissen."

„Wir haben die Goldfunde heimlich aus dem Land gebracht, weil die Türken, entgegen meiner Grabungserlaubnis, plötzlich alles wollten. Das läßt sich doch nicht bestreiten."

Er schritt erregt im Zimmer auf und ab.

„Selbst wenn ich ihnen die Hälfte gäbe, glaubst du ernstlich, sie wären damit zufrieden? ... Ihr Appetit würde nur wachsen, denn sie wollen alles. Alles! Und kein Stück weniger. Was haben denn die geleistet, die jetzt die Hand aufhalten? Nichts, aber auch gar nichts ... Nicht einen einzigen Piaster haben sie beigesteuert."

Sie schwieg nach dieser schroffen Ablehnung. Doch sie sah, daß er kaum mehr ausging und sich in seine Arbeit vergrub. Während der Weihnachtsfeiertage erschien der Kustos des Britischen Museums für griechische Altertümer, Charles T. Newton, bei ihnen. Er zeigte sich tief beeindruckt von der Schönheit und dem historischen Wert der Elfenbeinfiguren, Terrakotten, Waffen und Münzen. Als Schliemann ihm dann am ersten Feiertag, während die Bevölkerung von Athen die Festgottesdienste besuchte, einen Teil des Goldschatzes holen ließ, vergaß Newton seine britische Zurückhaltung.

„Einer der bedeutendsten Funde, die je auf dieser Welt gemacht wurden", erklärte er begeistert.

In vorsichtigen Worten deutete er dann sein Interesse am Ankauf des Schatzes für das Britische Museum an - zu einem Preis, den Schliemann bestimmen könnte.

Schliemann lehnte ab.

Im Januar 1874 erschien der Bildband *Trojanische Alterthümer.* Die Aufnahme, die die Fachwelt dem Buch bereitete, war unterschiedlich. Während die französische Akademie Schliemanns Entdeckungen anerkannte, reagierten die deutschen Wissenschaftler unerwartet negativ. „Wirr und inkonsequent und in hohem Grade unwissenschaftlich", lautete ihr Urteil, so habe er ohne Bedenken Häuser, Tempel und Mauern niederreißen lassen und damit wertvolle Zusammenhänge für immer zerstört. Was er in einem Kapitel behaupte, verwerfe er schon im nächsten wieder; doch schlimmer noch, er war für sie ein Scharlatan.

Sie bezweifelten die Echtheit der Goldfunde und behaupteten, Schliemann habe sie im Basar von Konstantinopel bestellt und gekauft.

Wieder wehrte er sich mit einer Entschlossenheit, wie dies nur ein Mann seines Temperaments konnte. Doch die Angriffe zehrten an seinen Kräften mehr als alle Strapazen während der Ausgrabungen. Er magerte weiter ab und sah plötzlich sehr viel älter aus, als er wirklich war.

Als er und Sophia am Lichtmeßtag vom Gottesdienst heimkehrten, fanden sie das Haus in wüster Unordnung: Schränke waren durchwühlt, Schubladen herausgerissen, der Inhalt lag auf dem Boden. Er beschwerte sich beim Polizeipräsidenten und dem Justizminister. Beide beteuerten ihre Unschuld und erklärten, von ihnen sei kein Durchsuchungsbefehl ergangen. Auch die Türken lehnten jede Verantwortung ab.

Sophia war ratlos. „Was wirst du tun?"

„Ich werde die Zollbehörden in Piräus bitten, mir die Genehmigung zur Ausfuhr all meiner Funde zu erteilen."

„Aber du hast mir versprochen, daß du sie im Lande lassen wirst."

„Werde ich auch. Vorläufig habe ich nicht die Absicht, sie wegzuschaffen. Es kommt mir nur darauf an, es jederzeit tun zu können, falls sich die Notwendigkeit ergibt. Nimm nur einmal an, die Türken setzen sich vor Gericht durch, was ich zwar nicht glaube, was aber denkbar ist. Was tue ich dann?"

Die Erlaubnis wurde nach einigem Zögern erteilt.

Mitte Februar reisten er und Sophia nach Mykene. Grabungen waren ihnen verboten, wohl aber gewisse Erkundungen erlaubt. Inzwischen ging das Hin und Her um den Schatz weiter. Die türkische Regierung machte ihre Ankündigung wahr und klagte vor dem Athener Gericht auf Herausgabe der Goldfunde. Die Klage wurde mit der Begründung abgewiesen, sie sei zu vage abgefaßt und nicht ausreichend begründet. Wenn jemand ein Gesuch einreiche, das sich auf die Herausgabe von Dingen bezieht, von denen er behauptet, daß sie sein Eigentum sind, so muß er diese Gegenstände einzeln beschreiben oder zumindest aufzählen, belehrte der Gerichtshof die Anwälte der Türkei.

„Zu vage und nicht ausreichend begründet! Ist das nicht köstlich!“ Zum erstenmal seit langer Zeit lachte Schliemann wieder.

„Heißt das, daß wir damit gewonnen haben?“

„Leider nicht. Die gegnerischen Anwälte werden jetzt versuchen, eine komplette Liste unserer Funde aufzustellen, was ihnen ja anhand des Bildbandes möglich ist. Wenn dann die Richter gegen uns entscheiden, wird es schwierig, denn dann genießen unsere Sachen keinen Rechtsschutz mehr, falls unser Versteck entdeckt wird.“

„Was willst du tun?“

„Ich habe schon einmal daran gedacht, die Koffer in das Französische Archäologische Institut zu schaffen. Dort sind sie vor jedem Zugriff sicher.“

„Nein!“ rief sie. „Das darfst du nicht tun. Wenn die Franzosen die Funde erst einmal in den Händen haben, werden wir sie vielleicht nie wiederbekommen."

„Da siehst du zu schwarz."

Danach wich er ihr aus. Einige Tage später sagte er ihr dann, er wolle den Schatz des Priamos dem Louvre in Paris geben.

„Ich werde noch heute einen Brief an den französischen Kultusminister schicken. Der französische Botschafter hat mir eine verbindliche Antwort innerhalb einer Woche versprochen."

Sophia weinte und verließ das Zimmer. Sie hatte verloren. Es wurden schwierige Tage für beide. Schliemann wartete auf die Antwort aus Paris, die nicht kommen wollte, und Sophia betätigte sich im Haushalt. Sie sprachen nur das Notwendigste und sahen sich nur bei den Mahlzeiten. Obwohl er den Louvre und die Regierung mit keinem Wort erwähnte, spürte sie, daß die Woche ohne die versprochene Antwort geblieben war. Auch am zehnten und elften Tag blieb das Telegramm aus.

Am zwölften Tag suchte er eine Aussprache mit ihr. „Ich muß dir etwas sagen, was ich heute morgen getan habe. Ich habe an Minister Fortou in Paris telegrafiert, daß ich mein Angebot zurückziehe. Gleichzeitig habe ich dem französischen Botschafter einen Brief geschrieben, in dem ich ihm mitteile, daß der Schatz dem Louvre nicht mehr zur Verfügung steht."

Sie blickte zu Boden. Ihr Gesicht blieb ausdruckslos.

„Ich möchte dir noch sagen, daß mir mein Verhalten leid tut. Ich weiß, so hätte ich nicht handeln dürfen. Aber glaub mir, es steckte auch viel Angst dahinter. Du hast alle Strapazen mit mir geteilt, alle Arbeit und auch Sorgen. Es war einfach unverantwortlich."

Zum erstenmal sah sie ihn wieder an. „Warum, glaubst du, verzichten die Franzosen auf den Schatz?"

„Sie wollen kein Geschenk annehmen, auf das die Türken Anspruch erheben. Eigentlich hätte ich es mir denken können. Für sie stand sicher als Frage im Vordergrund, was geschieht, wenn die Türken den Prozeß gewinnen. Müßten sie nicht dann den Schatz wieder herausgeben? Eine ganze Prozeßlawine hätte da ins Rollen kommen können."

„Und wie steht es jetzt?"

Er zuckte die Schulter. „Wir warten die Berufungsverhandlung ab ... Aber ich habe heute morgen noch etwas getan. Ich habe zweihunderttausend Franc für den Bau eines Museums in Athen hinterlegt. Die griechische Regierung soll sehen, daß es mir mit meinem Vorschlag ernst ist."

„Das hast du wirklich getan?" fragte sie in freudiger Überraschung. „Das ist ja großartig! Und du meinst, die Regierung geht jetzt auf deinen Vorschlag ein?"

„Ich weiß es nicht. Aber inzwischen ist ja einiges geschehen. Und ich werde dafür sorgen, daß die Öffentlichkeit von meinen Absichten erfährt. Das wird zumindest ein günstiges Klima schaffen."

Sie war versöhnt. Doch sie teilte seinen Optimismus nicht.

Anfang Mai wurde der zweite Antrag der türkischen Rechtsanwälte abgewiesen. Mitte Mai legte die türkische Regierung Berufung gegen diese Entscheidung ein, und es kam noch im gleichen Monat zur Verhandlung vor dem Appellationsgericht. Diesmal hatten die Türken ganze Arbeit geleistet. So hatten sie sich Abschriften von

Schliemanns Briefen an den französischen Botschafter sowie den Telegrammen an den Minister besorgt. Außerdem legten sie eine Ausgabe der *Times* vor, in der berichtet wurde, das britische Parlament habe die Möglichkeit erörtert, einen Teil des Schatzes zu erwerben. Darum habe die griechische Justiz, gemäß dem Vertrag zwischen Griechenland und der Türkei, das Recht und die Pflicht, den Verkauf an fremde Staaten zu verhindern.

Auch Schliemanns Rechtsanwälte wurden gehört. Sie argumentierten geschickt. Dennoch standen sie auf verlorenem Posten. Eine Woche nach der Anhörung der beiden Parteien verkündeten die fünf Richter des Appellationsgerichtes das Urteil: Sie ordneten die Beschlagnahme des gesamten Goldschatzes und seine Übergabe an das Museum in Konstantinopel an.

Die Schliemanns waren entsetzt. Eine letzte Hoffnung blieb noch: der Areopag, der oberste Gerichtshof Griechenlands. In fünf Tagen formulierten die Anwälte das Revisionsgesuch. Doch die Verhandlung sollte erst im Herbst stattfinden.

Am 15. September kamen die Richter zusammen. Sie hörten beide Parteien, berieten fast eine Woche und vertagten sich dann. Ende September hoben sie den Beschluß des Appellationsgerichtes auf: Schliemann hatte nach ihrer Entscheidung eine der Klauseln seines Vertrages mit der Türkei gebrochen, als er sie nicht angemessen an den Funden beteiligte. Darum sei der trojanische Schatz von drei Sachverständigen zu schätzen und die Hälfte des geschätzten Wertes an die türkische Regierung zu zahlen.

Jetzt weigerten sich die Türken, das Urteil anzunehmen. Sie forderten die Beschlagnahme des gesamten Schatzes. Am 10. Oktober wiesen die Richter die Forderung ab, und am 21. Oktober erging das endgültige Urteil, gegen das es keine Berufung gab: Der Schatz blieb in Schliemanns Besitz. Er wurde jedoch zur Zahlung von etwas über viertausend Dollar Entschädigung verurteilt.

Schliemann zahlte sofort. Es war überstanden.

Begleitet waren diese Wochen von Angriffen und Verdächtigungen aus vielen europäischen Ländern. Der härteste und wohl auch zynischste kam von Dr. Philip Déthier, dem Direktor des Museums von Konstantinopel. Er war von einer Reise in die Troas zurückgekehrt und erklärte, daß Schliemann nicht den Palast des Priamos gefunden habe, sondern einen trojanischen Bauernhof. Ein ehemaliger Angestellter der Staatsbibliothek von Athen warf ihm vor, er habe die Altertümer gefälscht und die Töpferwaren von verschiedenen Ausgrabungsorten zusammengerafft, um dann zu behaupten, sie stammten aus Hissarlik. Das Französische Institut in Paris schloß sich diesen Verdächtigungen an. Eine Kölner Zeitung veröffentlichte einen Aufsatz, der Schliemanns Funde und Theorien in Bausch und Bogen verwarf. Selbst Frank Calvert, Konsul der Vereinigten Staaten, meldete im englischen *Athenarum* starke Zweifel an. Auch Journalisten, die über keinerlei Fachkenntnisse verfügten, hielten mit Angriffen nicht zurück. Sie gestanden Schliemann zwar zu, daß er „ein Troja“ oder zumindest eine faszinierende Kultur aus prähistorischer Zeit entdeckt habe, behaupteten jedoch, er sei mit dem Glück des Anfängers und Dilettanten auf die Schätze gestoßen.

Schliemann saß Tage und Stunden über seinen Erwiderungen. Er beantwortete den Kölner Aufsatz auf deutsch, die Pariser Angriffe auf französisch, die türkischen Verdächtigungen auf türkisch und Calverts Behauptungen auf englisch.

Allein die Engländer erkannten seine Leistungen an. Für sie waren seine Entdeckungen eine wissenschaftliche Großtat, und er selbst galt als Held. Die allgemeine Anerkennung fand ihren besonderen Ausdruck in der Einladung der Royal Society of Antiquaries für den 24. Juni 1875 nach London. Der britische Premierminister hatte sich bereit erklärt, ihn den Wissenschaftlern vorzustellen, was ihm einen ehrenvollen Empfang sichern würde.

Sophia zögerte.

„Wir könnten den Besuch in England mit einer Reise durch Europa verbinden — Deutschland, Frankreich, Holland ... Du könntest meine Familie kennenlernen. Wir würden die wichtigsten Museen besuchen und stünden nicht unter Zeitdruck. Wir wären völlig frei in unseren Entscheidungen. Könnte dir das nicht gefallen?"

Sie spürte das Werbende in seiner Stimme. „Es hört sich wunderbar an", gab sie zu. „Wenn du mich dabei brauchen kannst, komme ich gern mit."

Sie machten die Reise im nächsten Frühjahr. Doch schon während ihrer letzten Tage in Athen erkrankte Sophia am Wechselfieber. An Bord des Schiffes kehrten die Fieberanfälle wieder, doch in ihrer Begeisterung über den ersten Besuch in England maß sie dem Ganzen keine große Bedeutung bei. Aber dann, noch während ihrer ersten Londoner Woche, erwachte sie eines Morgens mit heftigem Schüttelfrost, Kopfschmerzen und sonderbar gereizter Haut. Der Arzt, den Schliemann rief, empfahl ihr eine Kur in Brighton.

Sie fanden ein hübsches Haus in der King's Road, und während Sophia in Brighton heiße Bäder nahm, kehrte er nach London zurück. Sein Vortrag vor der Royal Society of Antiquaries wurde ein großer Erfolg. Alle Londoner Zeitungen brachten lange Berichte, die seine Leistungen würdigten. Während sich Sophia erholte, besuchte er Oxford und Cambridge, wo ihm die Fachwissenschaftler einen herzlichen, von Hochachtung getragenen Empfang bereiteten.

Mitte des Jahres reisten beide nach Frankreich weiter, und in Paris kehrten die Fieberanfälle zurück. Der griechische Arzt, den sie konsultierten, riet, alle weiteren Reisepläne aufzugeben oder, besser noch, sofort nach Griechenland zurückzukehren. Sophia sah die Enttäuschung im Gesicht ihres Mannes. Weitere wichtige Vorträge standen auf seinem Programm.

„Ich weiß, wieviel das für dich bedeutet, und ich will nicht, daß du das alles aufgibst", sagte sie tapfer. „Ich bleibe in Paris. Nur laß mich nicht zu lange allein."

Sie einigten sich auf fünf Wochen. Anfang September holte sie ihn am Gare du Nord in Paris ab. Trotz der Wiedersehensfreude spürte sie seine Enttäuschung, daß in all den Monaten keine Grabungserlaubnis für Griechenland oder die Türkei eingetroffen war.

„So ehrenvoll all diese Vorträge und Empfänge auch sind", gestand er während des Abendessens im Hotel, „ich muß wieder graben. Glaub mir, ich brauche das, wenn mein Leben einen Sinn haben soll."

„Aber wo denn?" fragte sie verzagt.

Er zog einen Brief aus der Tasche. „Der Generaldirektor eines der römischen Museen hat mich eingeladen, in Albano, südlich von Rom, zu graben. Er meint, unter einer Schicht vulkanischen Gesteins dort seien mit Sicherheit interessante Entdeckungen zu machen."

„Und du willst das annehmen?" fragte sie zweifelnd.

Er nickte. Plötzlich leuchteten seine Augen auf. „Es wird vielleicht keine große Sache. Ich mache mir da keine übertriebenen Hoffnungen. Aber ich muß einfach wieder etwas tun ... Du brauchst mich nicht zu begleiten, zumindest nicht sofort. Du kannst von hier direkt nach Hause fahren. Sollte es doch etwas werden, das sich lohnt, bitte ich dich nachzukommen."

Das Unternehmen in Albano wurde, wie Sophia insgeheim befürchtet hatte, ein totaler Fehlschlag. Der Bauer, in dessen Weinberg Schliemann graben sollte, zeigte ihm etruskische und römische Vasen, die er selbst angeblich unter der Lava gefunden hatte. Schliemann kaufte den Weinberg. Doch er fand keinerlei Spuren einer antiken Kultur. Enttäuscht gab er auf. Man hatte ihn hereingelegt.

Dann grub er auf Sizilien, in Segesta, schließlich auf Taormina, in Syrakus und auf Pantelleria, jener kleinen Insel zwischen Sizilien und Nordafrika. Vergeblich, alles umsonst.

Aber dann erhielt er von der türkischen Regierung die Erlaubnis, für drei Monate die Grabungen in Troja fortsetzen zu können. Doch als er in Hissarlik eintraf, warteten nur Ärger, Verzögerungen und Enttäuschungen auf ihn. Er erfuhr, daß man überraschend eine Razzia in den

Häusern seiner ehemaligen Arbeiter hatte durchführen lassen. Das Ergebnis war verblüffend gewesen. Man hatte einen Schatz an Halsketten, Armbändern und Ohrgehängen gefunden, dazu Stäbe aus massivem Gold, wie es in dem amtlichen türkischen Bericht hieß. Die Funde waren beschlagnahmt und die Schuldigen ins Gefängnis gesteckt worden. Insgesamt sollte es sich um etwa elf Pfund Gold gehandelt haben.

Ein zwiespältiges Gefühl erfüllte Schliemann. Einerseits ärgerte er sich, daß ihn die Arbeiter, die er gut bezahlt hatte, um diese antiken Stücke geprellt hatten. Andererseits war es eine gute Sache, daß nun auch das Museum in Konstantinopel einen trojanischen Goldschatz besaß, denn damit waren die Gerüchte endgültig widerlegt, die ihn verdächtigten, er habe den Fund bei Goldschmieden in Athen und Konstantinopel anfertigen lassen. Manches wertvolle Stück war dabei auch für immer verlorengegangen, erfuhr er, denn einige Arbeiter hatten ihre antiken Goldfunde einschmelzen und modernen Schmuck daraus anfertigen lassen.

Auch Yannakis hatte den Zorn der Behörden zu spüren bekommen. Zweimal hatte man ihn in der Zwischenzeit ins Gefängnis gebracht, um ihn als Landesverräter anzuklagen. Selbst der kleinlich korrekte Amin Efendi, der ihn mit seiner Gewissenhaftigkeit so oft belästigt hatte, war entlassen worden und sollte gleichfalls unter Anklage gestellt werden. Ein Brief Schliemanns bewahrte ihn vor dem Untersuchungsgefängnis. Zwar wurde er nicht wieder eingestellt, aber er wurde auch nicht verhaftet und „wegen grober Pflichtverletzung“ vor Gericht gestellt, wie es der Kultusminister vorgesehen hatte.

In Hissarlik folgte eine Enttäuschung der anderen. Yannakis, der noch immer um sein Leben fürchtete, wie er Schliemann gestand, durfte nicht mehr für ihn arbeiten. Außerdem war es ihm verboten, griechische Arbeiter einzustellen; nur Türken wurden ihm erlaubt. Der neue Aufseher, Isset Efendi, hatte strenge Anweisungen erhalten, ihn nicht aus den Augen zu lassen, und folgte ihm wie ein Schatten.

Das Haus, in dem sie so viele glückliche Stunden verbracht hatten, war zur Ruine verkommen und nicht mehr bewohnbar. Die Bauern hatten die Türen und Fenster herausgerissen und sogar die Ziegel abgedeckt, um sie für die eigenen Häuser zu verwenden. Auch das Mobiliar war verschwunden. Tiere hatten sich in den Räumen aufgehalten, und einzelne Wände waren durch die schweren Winterregen eingestürzt. Er beschloß, in dem Geräteschuppen zu schlafen, der durch seine Ärmlichkeit der Aufmerksamkeit der Bauern entgangen war.

Er begann damit, den halbmeterhohen Schlamm aus den Gräben schaffen zu lassen. Erdwälle waren in die Tiefe gerutscht, Wände niedergebrochen, andere konnten ihnen stündlich folgen. Insgesamt brauchte er mehrere Wochen, ehe er mit den wirklichen Grabungen beginnen konnte. Doch als er dann die ersten Funde im Palast des Priamos machte, durfte er sie nicht fotografieren. Ja, man erlaubte ihm nicht einmal, Zeichnungen der Mauern und der kopfsteingepflasterten Straße anfertigen zu lassen. Als dann noch der Gouverneur erschien und neue Forderungen erhob, wußte er, daß er verloren hatte. Alle Anstrengungen waren sinnlos gewesen, mußte er erkennen. Er ließ die Arbeitsgeräte einsammeln, in Lattenkisten verpacken und schickte sie mit dem nächsten Schiff nach Griechenland zurück. Niedergeschlagen, verbittert und enttäuscht, buchte er eine Passage nach Piräus.

Sophia erwartete ihn im Hafen. „Wir haben die Grabungserlaubnis für Mykene", rief sie. „Wir können sofort beginnen."

Mykene

Es war noch früh, als sie zum Löwentor ritten. An dem steilen, von Dickichten überwucherten Hirtenpfad glitzerte der Tau. Die Maultiere schnauften, Schaum troff aus ihren Mäulern. Das Unkraut hatte den Weg überwuchert, und wohin Schliemann auch blickte, sah er Steinfelder, Gebüsch, graugrün und weißlich dick mit Staub überpudert. Disteln blühten, stachelige Halme schwankten im Frühwind. Dahinter und dazwischen immer wieder weite Brachflächen, auf denen nichts wuchs.

Die griechischen Arbeiter gingen zu Fuß. Sechzig Männer hatte man für ihn angeworben. Sie trugen das Arbeitsgerät selbst — Schaufeln, Brechstangen, Spitzhacken, Seile, Werkzeuge aller Art. Er hörte ihren schweren Atem. Niemand sprach mehr. Alle hatten dunkle Flecken in ihre Kleider geschwitzt, trotzdem sahen sie sehr malerisch aus. Über den blauen oder roten Hosen trugen sie dicke weite Röcke, in der Taille zu Falten genäht, darüber ein besticktes Hemd und derbe Schuhe.

Würde er hier das Glück noch einmal zwingen können? Er brauchte nach den enttäuschenden Monaten einen Erfolg. Die kurzen rauschhaften Stunden damals in Troja, als er unter dem Schild den Schatz fand, lagen lange zurück. Er erinnerte sich an jede Einzelheit, an Sophias Gesicht, ihre geweiteten Augen. Er sah die goldene Flasche wieder vor sich, das Diadem, das einst einer Königin gehört hatte, die schweren Ohrgehänge. Es gab nichts Herrlicheres aus der antiken Welt als diese Kostbarkeiten, sagte er sich. War es nur das Glück des Anfängers gewesen? Er wußte, daß die meisten so dachten. Gewiß, es gehörte auch Glück dazu. Das leugnete er gar nicht. Auch hier würde er Glück brauchen, doch das allein würde nicht reichen.

Er schreckte aus seinen Erinnerungen auf, um festzustellen, daß sie am Ziel waren. Vor ihm ragte das Löwentor auf. Die mächtigen Quader zu beiden Seiten strahlten Wärme aus. In der Sonne wirkten sie fast weiß. Ihre Unberührtheit traf ihn tief. Wie viele Kriege und Umwälzungen hatten Europa erschüttert, seitdem sie hier ruhten. Doch hier stand die Zeit still. Nichts hatte sich verändert, seitdem Pausanias hier stand.

Bei der Suche nach Troja hatte er sich auf Homer verlassen, und er war nicht enttäuscht worden. Homer hatte sich als zuverlässiger Berichterstatter erwiesen. Nun wollte er sich neben der „Ilias" auch auf den kleinasiatischen Schriftsteller Pausanias stützen. Pausanias hatte um 170 n. Chr. Mykene besucht und das berühmte Löwentor wie auch die Schatzhäuser beschrieben. Dabei hatte er auch das Grab des Agamemnon besucht, das Schliemanns Hauptziel war. Doch wo lag es? Es war seit Jahrhunderten verschollen, und die Meinungen über seinen Standort gingen weit auseinander. Schliemann wußte, dieses Grab war der Schlüssel zur mykenischen Kultur. Er hatte sich lange mit dieser Frage beschäftigt, und wiederum teilte er nicht die Meinung der Wissenschaftler, die behaupteten, es läge mit anderen Gräbern außerhalb des Burgwalls. Er würde seine Suche innerhalb der Befestigungen beginnen.

Er steckte eine Fläche von fünfunddreißig Metern im Quadrat ab, am Löwentor beginnend. Hier sollte die Mehrzahl der Arbeiter graben. An das Löwentor selbst stellte er eine Gruppe von zwölf Arbeitern, die den Eingang zur Akropolis freilegen sollten. Acht Männer schickte er an die Südseite des Schatzhauses. Dort vermutete er den Zugang zum Ganzen. Er wußte nicht, ob er mit seiner Annahme recht behalten würde. Möglicherweise war alles ganz anders. Damit mußte er rechnen. Doch er würde es riskieren.

Als Schliemann zum Löwentor zurückkehrte, erwartete ihn dort Stamatakes, der Beauftragte der griechischen Regierung. Panaghiotes Stamatakes hatte Archäologie und Alte Geschichte an der Athener Universität studiert. Die gegenseitige Abneigung der beiden Männer war von der ersten Sekunde an spürbar gewesen.

„Da sind Sie ja“, sagte Schliemann mit der Andeutung eines Lächelns. „Ich hoffe, der Weg war nicht zu anstrengend für Sie?“

„Keine Sorge, Dr. Schliemann. Es ist zwar nicht gerade der Ort, den ich mir gewünscht hätte. Aber ich komme schon zurecht.“

„Das freut mich zu hören. Wir hatten Sie schon zweimal eingeladen, leider konnten Sie nicht kommen.“

Stamatakes war ein sorgenvoll dreinblickender Mann mit vorzeitig ergrautem Haar, unangenehm zurückhaltend, aber mit ausgezeichneten Manieren. „Ich glaube, Herr Dr. Schliemann, ich sollte Sie davon unterrichten, daß es nicht zu meinen Aufgaben gehört, private Beziehungen zu Ihnen aufzunehmen.“

„Wie Sie meinen." Schliemann zwang sich zu einem Lächeln. Doch die Muskeln taten ihm weh. „Jedenfalls bin ich Ihnen für Ihre Offenheit dankbar."

„Ich bin hier als Vertreter der griechischen Regierung und als Aufseher der Archäologischen Gesellschaft für Altertümer. Das bedeutet, daß sich unsere Interessen nicht immer decken. Mehr ist dazu wohl nicht zu sagen."

„Wahrscheinlich haben Sie recht", sagte Schliemann. „Ganz wie Sie wollen."

„Und noch etwas! Ich möchte hier gleich zu Beginn noch einmal mit Nachdruck feststellen, daß jeder Fund von einiger Bedeutung an seinem Platz zu belassen ist, bis ich ihn zur Bergung freigebe. Hinzu kommt, daß Sie nur an zwei eng beieinanderliegenden Plätzen graben dürfen, so daß ich beide im Auge behalten kann. Die Orte werden von mir bestimmt."

Schliemann starrte den Griechen an. Er wollte verdammt sein, wenn er sich das gefallen ließ. Glaubte der Mann wirklich, er könne auf diese Weise mit ihm umspringen? Was steckte dahinter? War es Selbstüberschätzung oder schiere Dummheit? Er zwang sich, nichts von dem jäh in ihm aufspringenden Zorn zu zeigen.

„In Ordnung", sagte er schließlich. „Wir werden sehen."

Sie legten als erstes den Zugangsweg in der Breite des Tores frei. Den Schutt schaufelten die Männer in Körbe und brachten ihn zu einem Pferdewagen. Die Gruppe, die unter Sophias Leitung am Schatzhaus arbeitete, hatte es erheblich schwerer. Der Boden war ausgetrocknet und hart. Ständig stießen die Männer auf Steine, die sie mühsam freilegen mußten. Im Verlaufe eines Tages drangen sie nur wenige Zentimeter in die Erde ein.

Schon nach wenigen Stunden erschien Stamatakes. „Sie dürfen hier nicht weitergraben, Kyria Schliemann."

„Was Sie nicht sagen! Und warum nicht?"

Er starrte sie an. „Weil ich es verbiete."

„Köstlich!" Sie suchte ihr Gleichgewicht mit Sarkasmus zu halten. „Das muß ich schon sagen. Und gibt es noch einen anderen Grund für Ihr Verbot?"

„Allerdings! Sie gefährden das Schatzhaus. Wenn Sie die Erdhülle um die Fundamente entfernen lassen, kann es leicht geschehen, daß die Mauern sich lockern, ins Rutschen kommen und früher oder später einstürzen."

„Zu Ihrer Kenntnis!" Sie blitzte ihn an. „Ich habe keineswegs die Absicht, den ganzen Hügel abzutragen. Ich suche lediglich den Zugang zum Schatzhaus freizulegen. Nichts sonst! Ich will nicht das Innere ausräumen. Alles andere bleibt, wie es ist."

„Jedenfalls kennen Sie meine Anordnung", sagte Stamatakes kühl. „Wenn Sie sich nicht daran halten, zwingen Sie mich, noch heute abend nach Athen zu telegrafieren."

Sie lächelte. „Niemand wird Sie daran hindern."

Als sie ihren Mann unterrichtete, war er zuerst belustigt. „Das hast du ihm gesagt? Sehr gut ..." Doch dann wurde er wütend. „Dieser Angeber! Wir tragen die Kosten, und er spielt hier den Oberbefehlshaber. Aber daraus wird nichts. Das kann ich ihm versichern. So darf er nicht mit uns umspringen."

„Was willst du tun?"

„Notfalls werde ich an die Gesellschaft telegrafieren und sie bitten, daß sie uns einen Ingenieur schicken, den wir bezahlen."

„Und was sollte der tun?"

„Er untersucht das jeweilige Bauwerk und bestätigt uns, daß wir ohne Risiko dort graben können."

Am dritten Tag stieß die Gruppe, die auf der Innenseite des Tores grub, auf die Reste eines Wohnhauses, das durch Feuer zerstört worden war. Hier mußte eine gewaltige Feuersbrunst gewütet haben, denn die zyklopischen Mauern an der Rückseite waren meterweit brandgeschwärzt. Unter dem Schutt fanden die Arbeiter einen aus Ton modellierten Kuhkopf und eine große eiserne Schüssel, dazu Münzen und die Scherben einer geriffelten Vase.

Stamatakes stand dabei, als Schliemann die Funde prüfte. „Wann wurde Mykene nach Meinung der Historiker zerstört?" fragte er. „Gibt es dafür ein sicheres Datum?"

„Um 498 vor Christus", sagte Stamatakes, „als die Argiver die Festung hier eroberten."

„Richtig, so kenne ich es auch. Und bisher nahm man an, seit diesem Zeitpunkt sei Mykene unbewohnt geblieben", murmelte Schliemann. „Doch das kann nicht richtig sein ... Die Münzen, die wir hier gefunden haben, sind mit Sicherheit makedonisch. Sie sind also rund zweihundert Jahre jünger, und das gilt auch für die Vase, wenn ich mich nicht sehr täusche."

Er reichte Stamatakes die Münzen, der sie sorgfältig in der Sonne prüfte. Zum erstenmal lag ein Hauch von Anerkennung in den Augen des Griechen.

„Es muß also noch spätere Siedlungen hier gegeben haben", stellte Schliemann fest. „Wahrscheinlich zwischen 300 und 100 vor Christus; denn als Pausanias hierherkam, war Mykene verlassen. Das schreibt er ganz unmißverständlich."

Die Männer begannen morgens um fünf Uhr mit der Arbeit und beendeten die Grabungen mit dem Sonnenuntergang, was sechzehn Stunden Arbeitszeit bedeutete. Tag um Tag brannte die Sonne hernieder, und alles war von Hitze und Helligkeit erfüllt. Die Mauern strahlten die Sonne zurück. Den Männern war es, als seien sie zwischen zwei Feuer geraten. Hinzu kam der Staub, der mit jedem Spatenstich in grauen Wolken aufwirbelte und in schweren Schwaden über die Ruinen zog.

Die Schliemanns wohnten in Charvati, einem kleinen Dorf, das nur aus acht Häusern bestand. Im Gegensatz zur Ebene von Argos mit ihrem steinigen Weideland, den leeren Hängen und windzerfressenen Felsen, bot sich das Tal von Charvati als eine Oase der Fruchtbarkeit. Weinberge und Obstgärten wechselten mit Wiesen und Feldern. Mächtige Bäume wuchsen zwischen den Häusern und sprenkelten die Dorfstraße mit Schatten. Truthähne, Hühner und Hunde suchten nach Abfällen. Tauben gurrten auf den Dächern. Auf dem See im Südosten schwammen Enten. Tagsüber wirkte das Dorf leer. Die Frauen und Mädchen arbeiteten in den Häusern, die Männer auf den Feldern. Die Knaben betreuten die Schaf- und Ziegenherden.

Die Schliemanns hatten den oberen Stock im Hause der Familie Darses gemietet, zwei Räume unter dem schrägen Ziegeldach, von denen sie den einen als Schlafkammer, den anderen als Arbeitszimmer nutzten. Die

Mahlzeiten nahmen sie an den arbeitsfreien Sonntagen gemeinsam mit der Großfamilie ein, die sie willig bei sich aufnahm. Stamatakes war in das Haus gegenüber gezogen, weil es als einziges einen verschließbaren Lagerraum besaß. Doch er fühlte sich nicht wohl, wie Schliemann wußte. Seine hochfahrende Art, die Überheblichkeit, mit der er den Leuten begegnete, ließen keine Herzlichkeit aufkommen.

Dicht neben dem Löwentor stießen die Männer auf eine kleine Kammer, wahrscheinlich die Unterkunft des Torhüters. Sie war nur eineinhalb Meter hoch. Die Decke bestand aus einer einzigen Platte. Wenig später fanden die Arbeiter weitere Platten. Sie waren aus Stein und staken senkrecht im Boden. Irgendwie erinnerten sie an Grabsteine; doch sie waren nicht verziert und trugen keine Inschriften. Die Entfernung zwischen ihnen betrug dreißig Zentimeter. Wer immer sie einst hatte setzen lassen, mußte ein Mann der Ordnung gewesen sein, denn sie bildeten eine Gerade, die von Nord nach Süd verlief.

Doch dann entdeckte Schliemann einen Stein, der mit großer Sicherheit ein Grab bezeichnete. Er war aus weichem Kalkstein. Die obere Ecke war gesprungen und teilweise abgebröckelt. Die Mitte enthielt eine Jagdszene.

Er zeigte Sophia das Relief.

„Siehst du die Beine des Pferdes? Sie deuten seinen Lauf an. Und hier ist ein Hund, der ein Reh verfolgt ... Und diese Verzierungen! ... Sie müssen eine symbolische Bedeutung haben — Ovale Spiralen. Dann hier ... die Buchstaben hinter dem Wagen."

Ein anderer Stein war besser erhalten. Er zeigte einen

sitzenden Krieger, der in der Linken ein Schwert und in der Rechten eine lange Lanze hielt. Dicht dabei befand sich ein Pferd. Ein zweiter Krieger, völlig nackt, hatte ein langes zweischneidiges Schwert in der Hand. Auf einem dritten Stein erkannte er einen Knaben, der in einem von mehreren Pferden gezogenen Wagen stand.

Unter den Steinen fand er graue und schwarze Aschehaufen, von denen er zunächst annahm, es seien die Überreste der verbrannten Toten. Doch dann entdeckte er auch Tierknochen dazwischen, was eher auf Totenopfer deutete. Im Verlaufe der nächsten Tage kamen immer neue Steine zutage, die in einem weiten Kreis aufgestellt waren. Zwischen den Knochen lagen Bronzemesser, Bronzelanzen, Doppeläxte, sogar Haarspangen und Gemmen aus Onyx und Achat mit Tierdarstellungen. Die schönste Gemme war aus rotem Onyx geschnitten und zeigte eine Antilope.

Auch Sophia hatte im Schatzhaus Erfolg. Ihre Arbeiter stießen in einer Tiefe von einem Meter auf die Spitze eines steinernen Dreiecks, das dazu bestimmt gewesen war, den ungeheuren Druck auf den Türsturz zu verringern und gleichzeitig als Nische für eine Götterskulptur gedient hatte. Als sie dann auch die Hälfte des Torsturzes freigelegt hatten, waren alle begeistert. Noch immer fehlten die abschließenden Arbeiten, doch der Eindruck war überwältigend. Durch die hohe Kuppelöffnung fiel sanftes Licht und erzeugte eine zeitlos feierliche Stimmung. Welch ein Bauwerk! Die Steinblöcke saßen in regelmäßigen Schichten ohne jedes Bindemittel übereinander. Von der vierten Steinreihe aufwärts besaß jeder Quader zwei Löcher. In einigen steckten noch die

Köpfe von Bronzenägeln.

„Wozu dienten diese Nägel?“ fragte Sophia.

„Die Innenmauern des Schatzhauses waren mit dünnen Bronzeplatten verkleidet“, erklärte Schliemann. „Homer sagt: ‚Eherne Wände zogen sich hüben und drüben von der Schwelle bis hinein in das Innere ...‘“

„Aber das ist ja wunderbar“, flüsterte sie. „Wenn er hier zuverlässig ist, vor allem auch noch bei solchen Einzelheiten, dann heißt das doch, daß er es auch in wichtigen Angaben ist, selbst wenn wir sie nicht nachprüfen können.“

In den nächsten Tagen arbeiteten sich die Leute bis zur Schwelle des Löwentores vor und fanden dort einen Siegelring aus Bronze, in den zwei Frauenfiguren geschnitten waren. Dicht dabei lagen die roten Steine einer Halskette, ein Silberring und ein Ohrring aus dicken Golddrähten. Auch in den folgenden Tagen machten sie Funde — einen mit Blattgold überzogenen Holzknauf, Töpferscherben, eine Vase, Goldblätter und eine große Axt, dazwischen immer wieder Menschenknochen.

„Was hältst du davon?“ fragte Sophia. „Man könnte fast meinen, hier sei ein Grab geplündert worden.“

Er nickte. „Die weniger wertvollen Dinge haben die Räuber einfach weggeworfen. So sieht es aus.“

Sie schritt hin und her. „Ein einziges Grab nur hier, das erscheint mir sehr unwahrscheinlich ... Und diese Platten da, auch wenn sie keine Reliefs oder Schriftzeichen tragen, erinnern mich doch stark an Grabplatten, meinst du nicht auch?“

„Zumindest sind sie einen Versuch wert“, gab er zu. „Sie könnten allerdings auch Teile von Steinbänken gewesen sein. Wir werden der Sache nachgehen, ehe wir für dieses Jahr Schluß machen. Die Regenzeit steht unmittelbar bevor."

Es hatte in den vergangenen Tagen schon wiederholt geregnet, und wenig später fuhr erneut ein Schauer über sie hin. Auf dem Boden sammelten sich erste Pfützen. In wenigen Tagen würde hier ein Sumpf entstehen, wußte er. Er wartete, bis der Regen schließlich nachließ und dann aufhörte. Mit der Hacke grub er selbst an einer Stelle, die durch eine Steinplatte gekennzeichnet war. Es sollte sein letzter Versuch für dieses Jahr sein, und er arbeitete rasch, ohne aufzublicken. In sechzig Zentimeter Tiefe stieß er auf eine Schicht Kieselsteine. Verblüfft ließ er die Kiesel durch die Finger gleiten. Woher stammten sie? Nirgendwo in der Umgebung hatte er jemals Kieselsteine gesehen. Man mußte sie über große Entfernungen herbeigeschafft haben.

Er holte jetzt mehrere Arbeiter heran, die mit Spitzhacken die Steine lockerten und in Körbe schaufelten. Die Kieselschicht schien tatsächlich ein Grab zu bedekken. Sie war anderthalb Meter lang und einen Meter breit. Nach zwanzig Zentimetern Tiefe ließ er die Männer mit den Händen weiterarbeiten.

Wenig später brachten die Männer Asche zutage. Die Schicht war nur dünn. Schliemann beugte sich vor. Wenn sie etwas finden würden, dann jetzt. Und plötzlich war es ihm, als habe er ein Aufblitzen von hellem Metall gesehen.

„Machen wir Schluß für heute."

Die Männer blickten verwundert auf. Noch hatten sie nichts bemerkt. Und gegen einen frühen Feierabend hatten sie nichts einzuwenden. Rasch packten sie die Arbeitsgeräte zusammen.

„Was ist denn mit dir?“ fragte Sophia. „Dieser überraschende Arbeitsschluß erinnert mich an Troja. Hast du etwas entdeckt?“

„Könnte sein. Jedenfalls sah es so aus“, gab er zu. „Aber sicher bin ich nicht.“

„Soll ich Stamatakes rufen?“

„Das wäre ratsam.“

Als sie zurückkam, kauerte Schliemann neben dem Grab und schob mit den Händen die Asche beiseite. Sie kniete sich neben ihn. Plötzlich sah sie das Blatt, und ihre Augen weiteten sich. Ein riesiges Goldblatt tauchte aus den grauen Schleiern auf. Er wühlte weiter. Immer neue Goldblätter erschienen. Sie lagen dicht beieinander. Dann sahen sie, daß die Goldblätter den Brustkorb eines Skeletts bedeckten. Als er in Höhe des Kopfes grub, fand er weitere Goldblätter. Doch sie waren dicker und von einem Silberdraht zusammengehalten. Jetzt sahen sie auch die Reste des Schädels.

„Weißt du, was wir hier gefunden haben?“ fragte er und blickte ihr in die Augen.

„Ein Königsgrab“, flüsterte sie. „Das erste Königsgrab ...“

„So ist es. Der Leichnam liegt mit dem Kopf nach Osten und den Füßen nach Westen —“

„Aber so ist es noch heute in Griechenland üblich“, fiel sie ein. „Mein Vater wurde genauso aufgebahrt.“

Stamatakes kam die Leiter herabgeklettert. Seine Augen leuchteten auf, als er das Skelett und die Goldblätter sah.

„Der bedeutendste Fund bisher“, sagte er.

„Ein Königsgrab“, sagte Sophia.

Er nickte und nahm eines der Goldblätter auf. „Feine Arbeit.“

„Das ist es ohne Zweifel“, stimmte Schliemann zu. „Aber wir dürfen das Gold nicht über Nacht hier offen liegenlassen. Die Arbeiter sind nicht dumm. Und falls sie Verdacht geschöpft haben, könnten einige auf den Gedanken kommen, dem Ort in der Nacht einen Besuch abzustatten.“

Stamatakes war einverstanden. Sie sammelten die Goldblätter in Sophias Wollschal und brachten sie in den Lagerraum. Schliemann numerierte jedes Blatt, und der Aufseher bestätigte die Anzahl.

„Vielleicht wäre es sogar ratsam, wenn wir das Grab über Nacht bewachen ließen“, schlug Schliemann vor.

Stamatakes nickte. „Aber ich habe niemand, der das machen könnte.“

„Ich könnte die Söhne meines Quartierwirts bitten. Gegen Bezahlung wären sie sicher dazu bereit.“

„Sehr gut.“

In dieser Nacht konnten sie lange nicht einschlafen. Standen sie vor einem neuen Erfolg? Der Grabraum war groß genug für weitere Königsgräber, sagte er sich. Es war also nicht auszuschließen, daß sie andere Gräber fanden. Seine Hoffnungen und Erwartungen hielten ihn wach. Auch Sophia neben ihm wälzte sich hin und her, ohne festen Schlaf zu finden, merkte er.

Mit dem ersten Licht des neuen Tages waren sie wieder am Grab. Stamatakes wartete bereits. Offensichtlich hatte auch er eine schlaflose Nacht hinter sich. Sie brauchten nur wenige Minuten, um weitere Kostbarkeiten zu finden, die ihnen gestern in der Dämmerung entgangen waren, darunter fünf wunderbare Kreuze, jedes aus vier Goldblättern zusammengesetzt, vier Goldstränge, als Armbänder gearbeitet. Auch sie wurden registriert und von Stamatakes gegen Quittung entgegengenommen.

Schliemann ließ jetzt den Boden tiefer legen. Die Seitenwände waren mit kleinen Quadersteinen gegen den natürlichen Fels ausgefüttert. Doch sie kamen nicht weiter. Der Regen setzte wieder ein, heftiger als an den Tagen zuvor, und obwohl alle vor Ungeduld brannten, mußten sie die Arbeiten einstellen. Es regnete auch den nächsten Tag über. Erst am übernächsten Tag kam die Sonne durch und trocknete den Boden.

Sie stießen auf zwei weitere Kieselschichten und gruben mit den Händen weiter. Zwei Skelette tauchten aus den schwarzen Ascheschichten auf, halb verbrannt und mit Gold bedeckt.

„Siehst du das?" flüsterte Sophia. „Jetzt gibt es keinen Zweifel mehr. Wir haben tatsächlich die Gruft der Könige von Mykene entdeckt."

Um jeden Schädel lagen fünf Diademe aus massivem Gold. Sie waren fünfundvierzig Zentimeter lang und in der Mitte zehn Zentimeter breit. Ein Kupferrahmen, an der Innenseite angebracht, gab ihnen Festigkeit.

Als sie weiter in der Asche suchten, fanden sie neun Goldkreuze, dazu Waffen aus Obsidian, Bronzemesser, die Teile einer großen Silbervase, über und über mit Figuren verziert, einen Silberbecher, Bruchstücke von Tongefäßen, auch sie mit kunstvollen Ornamenten geschmückt. Einige waren mit Hilfe einer Töpferscheibe gefertigt, andere nur von Hand. Dann brachte Schliemann zwei Figuren der Göttin Hera aus der Asche, jede mit zwei Hörnern versehen, ihren Attributen.

Die Gebeine und Schädel der Könige waren erhalten. Offensichtlich hatte das Feuer, das man auf den Kieselsteinen entzündet haben mußte, nur das Fleisch verbrannt. Doch als er die Knochen aufnehmen wollte, zerfielen sie zwischen seinen Händen. Sie hatten zu stark unter der Feuchtigkeit gelitten.

In den nächsten Tagen gruben sich die Männer trotz des schlechten Wetters durch eine zehn Meter dicke Erdschicht, die dann in Körben an die Oberfläche gebracht wurde. Dabei fanden sie weitere Skelette, doch alle ohne Schmuck und Beigaben.

„Was meinst du, was bedeutet das?“ fragte Sophia ratlos.

„Ich denke, es handelt sich hier um einfache Soldaten, vielleicht um die Leibwachen der Könige. Es gab Epochen, in denen es üblich war, Diener, Sklaven, Kriegsgefangene oder auch die Leibwachen dem toten König ins Grab folgen zu lassen.“

Stamatakes' Miene drückte Mißbilligung aus.

„Sind Sie anderer Meinung?“ fragte Schliemann.

„Vielleicht ist es so, vielleicht haben Sie sogar recht“, antwortete er. „Ich will damit nur zum Ausdruck bringen, daß das, was wir hier sehen, nicht für eine solche Behauptung ausreicht. Es ist unwissenschaftlich.“

Schliemann unterdrückte seinen Ärger.

„Wenn ich immer den Wissenschaftlern und denen, die sich dafür halten, gefolgt wäre, hätte ich weder Troja gefunden noch stünden wir heute in diesem Grabraum hier."

Stamatakes schlug zurück.

„Vielleicht hätten Sie dann einige Monate mehr gebraucht. Aber sicher wäre auch vieles, was so für immer verloren ist, der Wissenschaft erhalten geblieben."

Schliemann wandte sich ab. Warum hatte er sich auf dieses Gespräch eingelassen? Er wußte, daß viele so dachten; aber damit mußte er leben. Es waren die Argumente der Erfolglosen, sagte er sich.

Wieder folgten Tage, an denen der Regen jede geregelte Arbeitszeit unmöglich machte. Dann gruben die Männer unter einem überhängenden Felsen, und Schliemann sah, wie sich ein Riß in dem Gestein verbreiterte. Er sprang zwischen die Männer und stieß sie beiseite. Eine Sekunde später krachte der Block zu Boden. Niemand wurde verletzt.

Die Männer starrten einander mit verstörten Gesichtern an. „Heilige Mutter Gottes . . .", flüsterte einer. „Die Rache der Könige."

Am Tage danach stießen sie wieder auf eine Schicht Flußkiesel und darunter auf eine Lage sauberen Lehms. Die Augen der Arbeiter weiteten sich, als sie drei Tote fanden, die über und über mit Gold bedeckt waren. Das Gold war vom Feuer geschwärzt, einzelne Teile auch geschmolzen.

Sophia kniete neben ihm, während er die Skelette untersuchte.

„Sie sind kleiner als alle, die wir bisher fanden", sagte sie. „Meinst du nicht, es könnten Frauen sein?"

„Du hast recht", stimmte er zu. „Sieh dir die Zähne

an! Es sind bestimmt Frauen ... Und diese hier muß erheblich älter als die beiden anderen gewesen sein ... Ihre Zähne sind abgenutzt und verbraucht ... Und alle wurden verbrannt. Die Rauchspuren ringsum an den Wänden sind deutlich genug."

Sie hielt plötzlich den Atem an. „Meinst du, man hat sie lebendig verbrannt?"

Er zögerte.

„Möglich. Aber nach allem, was wir wissen, nicht wahrscheinlich. Es gibt keinen einzigen Hinweis in der Literatur dafür."

„Aber es ist ebenso unwahrscheinlich, daß die drei Frauen zur gleichen Zeit starben", wandte sie ein. „Es sei denn an einer ansteckenden Krankheit."

Sie betrachtete die runden Goldplatten, die man den Toten mitgegeben hatte. Es mußten Hunderte sein. Alle waren ziseliert und maßen zwischen sechs und acht Zentimeter im Durchmesser. Später stellten sie fest, daß es insgesamt siebenhundert dieser rätselhaften Goldstücke waren. Manche waren mit Schmetterlingen, Tintenfischen, Blumen oder auch Blattmustern verziert, andere mit Heuschrecken oder Grillen, die an Goldketten hingen.

Sie gruben und suchten weiter. Stunden vergingen, und immer neue Grabbeigaben tauchten aus der Asche auf. Plötzlich erstarrte Schliemann, und seine Hände zitterten, als er eine goldene Krone aus der Asche holte. Sie war vom Feuer geschwärzt, fast fünfzig Zentimeter lang und mit sechsunddreißig goldenen Blättern geschmückt, jedes davon trug ein Ornament, das plastisch hervortrat. Ein herrliches Stück! Zweifellos das Schönste, was sie bisher in Mykene gefunden hatten.

„Sieh dir das an!“ Er drehte die Krone in den Händen. „Ist sie nicht wunderbar? ... Und hier ist auch der Golddraht, mit dem sie am Kopf festgebunden wurde.“

In einer plötzlichen Eingebung setzte er ihr die Krone auf das dunkle Haar, so daß die sechsunddreißig Goldblätter in die Höhe ragten.

„Aber was tun Sie da, Dr. Schliemann!“ rief Stamatakes entsetzt. „Das dürfen Sie nicht! Wenn Sie etwas abbrechen!“

Schliemann lächelte. „Ich weiß, es ist unwissenschaftlich, was ich hier tue, aber es hat mir einfach Freude gemacht, falls Sie das verstehen können ... Ich breche nichts ab, keine Sorge!“

„Gefalle ich dir?“ fragte Sophia mit einem scheuen Lächeln, ohne auf Stamatakes zu achten.

„Du bist schöner, als es je eine Königin des Altertums sein konnte“, flüsterte er. „Aber das weißt du längst.“

„Es ist zwar nicht wahr; aber es gibt wohl keine Frau, die das nicht gern hörte.“

Stamatakes hinter ihnen schnaufte in deutlicher Mißachtung. Schliemann fand ein goldenes Diadem, in dem noch ein Teil des Schädels steckte. Als er den Knochen entfernen wollte, protestierte Stamatakes.

„Lassen Sie alles, wie es ist.“

Schliemann zögerte, dann legte er den Schmuck beiseite. Nach und nach holten sie acht weitere Diademe aus der Asche. Als sie die Funde an den Kleidern abwischten, leuchtete das Gold auf, und sie entdeckten, daß jedes Stück mit feinen Spiralen verziert war.

„Hier müssen Königinnen begraben worden sein“,

sagte sie.

Er schüttelte den Kopf. „Wahrscheinlich nur eine. Die anderen waren Hofdamen, vielleicht auch Prinzessinnen. Sie trugen die Diademe, nehme ich an."

Die Funde rissen nicht ab. Wo immer sie die Asche mit den Fingern durchkämmten, stießen sie auf neue Stücke: Goldsterne, ein Doppelkreuz, Armreifen, Ohrringe, Ketten, einen Goldpokal, eine goldene Dose mit Deckel, zwei Szepter. Die Silberschäfte waren mit goldenen Ornamenten belegt, die Griffe aus Bergkristall. Dann fanden sie einen goldenen Kamm mit Knochenzinken, Bernsteinperlen, Kleiderfibeln, eine runde Goldvase mit zwei Henkeln, weitere Deckelgefäße, eines davon aus Silber.

Stamatakes befand sich in einer seltsamen Situation. Einesteils war es sicher eine gute Sache, daß die Schliemanns Erfolg hatten, auch für ihn. Höheren Orts würde man seinen Bericht mit Aufmerksamkeit lesen, und er würde es nicht versäumen, seinen Anteil an den Funden und ihrer Bergung ins rechte Licht zu rücken. Diskret selbstverständlich, aber doch auch so, daß keinem seine Verdienste entgehen konnten.

Andererseits wuchs auch mit jedem Stück seine Verantwortung. Und er konnte nicht überall sein. Zwar hielt er den Schuppen Tag und Nacht verschlossen. Doch wenn sich nun einige der Arbeiter zusammentaten und während der Nacht einbrachen? Die Wände waren aus Bruchsteinen, doch das Tor aus Brettern. Selbst wenn die Diebesgruppe nicht alles stahl, sondern nur einige der wertvollsten Stücke, war die Katastrophe da. Sie würde das Ende seiner Karriere bedeuten. Man würde ihn fallenlassen, vielleicht sogar vor Gericht stellen. Das durfte nicht geschehen.

Entschlossen schritt er am nächsten Morgen auf Schliemann zu. „Wir müssen heute die Grabungen abbrechen, Dr. Schliemann."

„Aber so schlecht ist das Wetter gar nicht."

„Es geht auch nicht um das Wetter." Stamatakes wich dem Blick Schliemanns aus.

„Und worum geht es dann? Da bin ich aber neugierig."

„Es ist die Verantwortung. Jeder der Funde ist nicht nur wertvoll, er ist unersetzlich ... Was wir hier zutage fördern, ist so einmalig und von so unschätzbarem Wert, daß ich die Verantwortung dafür nicht mehr tragen kann."

„Und wie stellen Sie sich das vor?"

„Ich brauche Schutz ... auch Rückendeckung, wenn Sie so wollen. Ich werde dem Gouverneur der Provinz telegrafieren und ihn bitten, selbst hierherzukommen. Und ehe er nicht hier ist, dürfen die Ausgrabungen nicht fortgesetzt werden."

„Dürfen nicht fortgesetzt werden? ... Höre ich da richtig? Soll das ein Befehl sein?"

„Nennen Sie es, wie Sie wollen. Jedenfalls sind die Arbeiten vorläufig einzustellen."

„Mit jeder Stunde kann die Regenzeit endgültig hereinbrechen, und dann ist für Monate jede Arbeit unmöglich. Das wissen Sie so gut wie ich. Aber nicht nur das. Wenn wir die Ausgrabungen für Monate unterbrechen, wer garantiert Ihnen dann, daß die Arbeiter in dieser Zeit nicht auf eigene Faust heimlich weitergraben? Wollen Sie sie daran hindern? Oder wer sonst?"

Stamatakes blieb unbeeindruckt. „Ich habe mir das Ganze sehr sorgfältig überlegt. Ich gebe Ihnen hiermit als Kustos für Altertümer den Befehl, alle Grabungen sofort einzustellen."

Schliemann trat einen Schritt näher. „Den Befehl geben Sie mir ... Haben Sie denn noch immer nicht begriffen, daß Sie gar nicht das Recht haben, hier irgendwelche Befehle zu erteilen? Muß ich Ihnen denn das noch einmal ausdrücklich sagen? Warum gehen Sie nicht nach Hause und sehen den Vertrag noch einmal durch, den ich mit Ihrer Regierung geschlossen habe?" Schliemann starrte den Griechen an. „Wenn Sie meinen, Sie könnten die Verantwortung nicht länger tragen, dann ist das Ihre Sache. Aber ich mache hier weiter."

Es gab ein kratzendes Geräusch, als Stamatakes auf dem Absatz kehrtmachte und die Leiter hinaufkletterte, um nach Athen und Nauplia zu telegrafieren.

In Charvati herrschte Unruhe unter den Dorfbewohnern. Obwohl bisher niemand etwas von den Goldfunden gesehen hatte, ahnten alle, daß etwas Bedeutsames geschehen sein mußte. Man hatte Stamatakes immer wieder mit Bündeln gesehen, die er unter äußerster Vorsicht rasch zum Vorratsraum trug. Von den Arbeitern wußte man auch, daß Gräber entdeckt und ausgeräumt worden waren. Einige glaubten auch, da und dort einen Goldschimmer in der Asche gesehen oder irgendwelche Gesprächsfetzen mitgehört zu haben, die auf bedeutsame Funde schließen ließen. Hinzu kamen die Mienen der Hauptbeteiligten, die ihnen nicht entgangen waren, der Ausdruck heimlichen Stolzes und tiefer Befriedigung auf den Gesichtern.

Demetrios Dases, ihr Quartierwirt, machte schließlich den Sprecher. Sein dunkles, schnurrbärtiges Gesicht strahlte in heimlicher Mitwisserschaft.

„Ich hoffe, hoher Herr, Sie sind mit den Ergebnissen in Mykene zufrieden?"

„Sehr." Schliemann nickte lächelnd.

„Ich wußte, daß Sie Erfolg haben würden."

Dases verbeugte sich tief und brachte eine Flasche Ouzu hinter dem Rücken hervor, die sie gemeinsam in der großen Wohnküche tranken.

„Sind es die Gräber der alten Könige, die Sie gefunden haben?" fragte er in die jähe Stille.

„Ich denke schon ..."

„Sie sind nicht sicher?"

„Doch, ich bin sicher. Ich glaube, das darf man sagen."

Sie tranken noch eine zweite und dann eine dritte Flasche. Es wurde eine Nacht unbeschwerter Fröhlichkeit. Alle lachten und schwatzten durcheinander. Frau Dases, auf deren Wangen der Wein eine sanfte Röte zauberte, vergaß sogar, die Kinder ins Bett zu schicken.

Am nächsten Tag fanden sie eine goldene Spange, ein herrliches Stück. Die Gravur zeigte eine Frau mit ausgebreiteten Armen. Das Gesicht war im Profil dargestellt, zweifellos ein griechisches Gesicht.

Sophia war begeistert. „Siehst du, Nase und Stirn verlaufen in einer geraden Linie", sagte sie. „Reinster griechischer Stil, dazu die Augen ..."

Schliemann lächelte. „Man könnte meinen, du seist ihre Schwester. Auch in der Frisur gibt es gewisse Ähnlichkeiten."

„Aber nicht gerade jetzt“, wehrte sie ab. „Ich muß schrecklich aussehen.“

Sie wühlten weiter in der Asche, und wieder tauchten Schmuckstücke auf: Ketten, Ohrgehänge, sechs Armreifen.

Dann stockte seine Hand, und er zog eine goldene Maske hervor.

„Aber das ist doch das Gesicht eines Kindes!“ rief Sophia.

„Hier sind die Öffnungen für die Augen! ... Schade, daß die Maske unter dem Druck gelitten hat!“

Er suchte weiter in der Asche. „Das kann nur bedeuten, daß hier ein Kind begraben wurde, aber ich finde nichts. Bestimmt wurde es eingeäschert ... Pausanias schreibt, daß das damals so üblich war ... Allerdings finde ich keine Spur des kleinen Skeletts.“

Am 25. November, wenige Tage später, entdeckten sie ein viertes Grab. Es war das bedeutendste bisher: acht Meter lang und sechs Meter breit. Sie fanden zwei Leichname. Jedes Gesicht war mit einer Goldmaske bedeckt worden. Schliemann reinigte sie mit dem Taschentuch. Die erste zeigte die Züge eines jungen Mannes mit schmalen Lippen und kleinem Mund. Die Augen waren geschlossen; Wimpern und Brauen hatte der Goldschmied klar erkennbar herausgearbeitet. Die zweite Maske bot die Gesichtszüge eines älteren Mannes mit niederer Stirn und hart vorspringender Nase. Deutlich traten die Wangenknochen hervor.

„So hätten griechische Künstler niemals ein Gesicht modelliert“, murmelte Schliemann. „Es ist von ihrem Schönheitsideal weit entfernt.“

„Du meinst, sie ist nach dem Aussehen des Toten gestaltet?" fragte Sophia. „Eine Porträtmaske also?"

„Es gibt keine andere Erklärung." Er wischte erneut über das Gold, das unter dem Taschentuch aufzuleuchten begann.

Die Telegramme, die Stamatakes nach Athen geschickt hatte, zeigten Wirkung. Professor Phindikles, der Vizepräsident der Griechischen Archäologischen Gesellschaft, kündigte seine Ankunft an. Er hatte in Athen und Deutschland studiert und galt als hervorragender Kenner der heimischen Vor- und Frühgeschichte.

Er traf drei Tage später in Mykene ein. Schliemann zeigte ihm im Lagerhaus die Teile des Schatzes, die sie bisher gefunden hatten. Phindikles war tief beeindruckt. Seine Hände zitterten, als er die goldenen Gefäße, Schmuckstücke, Masken und Diademe in die Hand nahm.

„Niemals hätte ich auf eine solche Stunde zu hoffen gewagt", murmelte er. „Wunderbar! Einzigartig! Sie haben tatsächlich die Königsgräber gefunden."

Schliemann lächelte. „Das denke ich auch. Aber kommen Sie! Ich hoffe, es warten noch einige Überraschungen auf uns."

Gemeinsam stiegen sie zum Boden des vierten Grabes hinab. Schliemann zeigte die beiden Skelette, die er nicht herauszunehmen gewagt hatte, da er ihren Zerfall befürchtete. Stumm standen sie um die Überreste der toten Könige.

„Was werden Sie damit tun?" fragte Phindikles.

„Sie sind nicht zu retten", gestand Schliemann. „Sie werden sich an der Luft in wenigen Stunden zersetzen."

Phindikles nickte. „Das ist auch meine Meinung. Aber Sie sprachen von weiteren Überraschungen.“

„Wir haben erst zu einem Drittel den Boden erreicht, auf dem man die Toten zur letzten Ruhe bettete. Ich nehme darum an, daß wir hier noch weitere Gräber finden.“

Er bezeichnete den ungefähren Umfang des Ortes, wo er die nächsten Gräber vermutete, und die Arbeiter machten sich mit Hacken und Schaufeln daran, die Erde zu lockern und abzutragen.

Nach zwei Stunden tauchten die ersten Kiesel auf, und Schliemann entließ die Männer.

„Wir können jetzt keine Werkzeuge mehr gebrauchen“, sagte er. „Und ich will die Leute nicht in Versuchung führen. Solange sie das Gold nicht mit eigenen Augen gesehen haben, bleibt alles nur ein Gerücht.“

Phindikles und Schliemann machten sich nun daran, gemeinsam die Kieselschicht zu entfernen. Schon bald stießen sie auf drei Skelette, die mit dem Kopf nach Osten lagen. Jeder Schädel war mit einer Goldmaske bedeckt; auf den Körpern lagen große goldene Platten. Außerdem fanden sie eine Krone, die mit Rosetten und Kreismustern verziert war, dazu einen Armreif und zwei große Siegelringe. Der eine zeigte das Bild eines Jägers, dessen Wagen von zwei Pferden gezogen wurde, der andere eine Kampfszene, bei der ein Krieger drei andere bezwang.

Am Nachmittag fanden sie weitere Stücke, darunter neun goldene Gefäße, eine bauchige Weinflasche, auch sie mit einem Netz ineinanderverwobener Linien verziert, und schließlich einen Pokal, dessen Henkel mit Goldnieten befestigt war.

Sie setzten am nächsten Tag die Suche fort, und wieder stießen sie auf herrliche Schmuckstücke — Vasen, Waffen, Gürtel, Pokale und Goldperlen. Dann fand Schliemann drei Miniaturbauwerke aus getriebenem Gold, die Frontseite mit Säulen versehen.

„Die Modelle von normalen Wohnhäusern sind das nicht", sagte Sophia. „Die hatten sicherlich keine Säulenfassade."

Professor Phindikles stimmte zu. „Sie sehen eher wie Tempelmodelle aus."

Sie beugte sich über die Goldgebilde. „Sehen Sie nur, auf dem Dach sitzen zwei Tauben!" rief sie entzückt.

Weitere Kostbarkeiten tauchten auf. Selbst Stamatakes, von der allgemeinen Begeisterung angesteckt, beteiligte sich jetzt an den Arbeiten. Er kniete auf dem schmutzigen Boden und durchkämmte die Asche mit den Fingern.

Am Abend brachten sie die Kisten mit den Funden gemeinsam auf einem Karren zum Lagerhaus. Stamatakes verschloß das Tor von innen, und beim Schein einer Lampe packten sie die Funde aus. Alle waren müde, ja erschöpft und doch über alle Maßen glücklich. Nur Stamatakes hatte seine steife Zurückhaltung wiedergefunden. Irgendwie wirkte er sogar bedrückt.

„Was haben Sie?" fragte Professor Phindikles schließlich. „Fühlen Sie sich nicht wohl?"

Stamatakes zögerte. „Es ist die Verantwortung, die mich drückt", murmelte er. „Ich schrecke nachts auf und kann nicht mehr einschlafen ... Ich bin zum Umfallen müde und kann trotzdem nicht schlafen."

Phindikles nickte mitfühlend. „Ich weiß, mein Lieber,

und ich kann mich gut in Ihre Lage versetzen. Wären wir hier nicht so weit ab von allem Verkehr, es wäre auch nicht zu verantworten."

Stamatakes zögerte und streifte Schliemann mit einem schnellen Blick. Dann wandte er sich wieder an Phindikles: „Wäre es nicht möglich, daß ich Ihnen die bisherigen Grabungsergebnisse mitgebe? Die Soldaten könnten Sie begleiten."

„Sicher ... Warum nicht? Wenn Sie meinen ... Ich werde dann die Gesellschaft benachrichtigen, daß sie eine Wache nach Piräus schickt, die den Schatz sicher zur Nationalbank bringt."

Schliemann schwieg. Er hatte die Gräber entdeckt, er finanzierte die Grabungen, arbeitete vom ersten Licht bis zum Einbruch der Dunkelheit. Er hatte den wahrscheinlich bedeutendsten Schatz des Altertums gefunden, und man bezog ihn nicht einmal in die Diskussion ein! Befanden sich die Funde erst einmal in der Nationalbank, würden sie für ihn unerreichbar sein. Er machte sich da nichts vor.

Als er aufblickte, sah er das versteckte Hohnlächeln Stamatakes'. Aber der eingebildete Affe sollte sich täuschen! Er würde der Welt schon zeigen, daß es nicht so leicht war, ihn kurzerhand beiseite zu schieben.

Noch in der Nacht setzte er ein Telegramm an König Georg I. von Griechenland auf. Er schrieb darin:

„... Ich habe ungeheure Schätze und archaische Gegenstände aus purem Gold gefunden. Diese Schätze reichen allein schon aus, ein großes Museum zu füllen. Es wird das wunderbarste der Welt sein, und jahrhundertelang wird es Tausende von Fremden aus aller Herren

Länder nach Griechenland ziehen. Da ich aus Liebe zur Wissenschaft arbeite, erhebe ich keinen Anspruch auf diese Schätze. Mit größter Freude übergebe ich sie Griechenland ..."

Zufrieden überlas er die Zeilen. Er würde schon dafür sorgen, daß die Schätze von Mykene mit seinem Namen verbunden blieben. Daran würde ihn auch Stamatakes nicht hindern können.

Am 30. November öffneten sie die letzten Gräber. Unter der Kieselschicht stießen sie auf ein Skelett. Die Reste des Schädels steckten noch in dem goldenen Diadem. Dicht dabei fanden sie eine Lanzenspitze, zwei kleine Bronzeschwerter und zwei Bronzemesser. Wenig später holte Schliemann noch einen verzierten Trinkbecher und eine grüne Vase, die offensichtlich aus Ägypten stammte, aus der Asche.

Zu jeder anderen Zeit hätten sie die Funde entzückt; nach den großartigen Entdeckungen der letzten Tage aber fühlten sich alle ein wenig enttäuscht.

„Das Grab ist wohl kein Haupttreffer", murmelte Phindikles mit einem säuerlichen Lächeln. „Mir scheint, wir sind alle ein wenig verwöhnt."

Am Nachmittag arbeiteten sie mit zwanzig ausgewählten Leuten dicht neben dem ersten Grab. Schliemann hatte ein Rechteck von vier mal sieben Metern abgesteckt, und die Leute kamen trotz der Enge und halben Dunkelheit gut voran. Unter der ersten Kieselschicht fanden sie ein Skelett. Es handelte sich um einen ungewöhnlich großen Mann, den man, um Raum zu sparen, auf etwa einen Meter sechzig zusammengedrückt hatte.

Und dann sahen alle seine goldene Maske und erstarrten in der Bewegung. Das Gesicht war griechisch, die Nase schmal und gerade, die Augen groß mit lebensechten Lidern. Der dichte Bart ließ das Kinn frei; der Schnurrbart bog sich an den Enden leicht nach oben.

„O Gott", murmelte Schliemann. „Die weitaus schönste Maske, die wir bisher fanden ... Sehen Sie sich das Gesicht an!" Er entfernte mit dem Ärmel die Aschenreste. „Das Gesicht eines Königs wie aus dem Bilderbuch! So habe ich mir schon als Junge Agamemnon vorgestellt."

Professor Phindikles hob abwehrend die Hände. „Vorsicht mit solchen Bekenntnissen! Niemand weiß, was uns noch erwartet. Die Goldmaske ist wirklich über alle Maßen beeindruckend ... Doch die Archäologie ist immer auch die Wissenschaft der Überraschungen. Was heute als gesicherte wissenschaftliche Erkenntnis gilt, kann sich schon morgen als absurde Verirrung herausstellen."

„Ich weiß", gestand Schliemann. „Niemand ist davor gefeit. Aber sehen Sie die Kraft, die von diesem Gesicht ausgeht ... die Autorität ... Das muß ein bedeutender Herrscher gewesen sein."

„Zugegeben, das Gesicht erweckt diesen Eindruck. Doch ob es Agamemnon ist, steht auf einem anderen Blatt."

Auch die Brustplatte bestand aus purem Gold, vierzig Zentimeter lang und fünfunddreißig breit. An einem Armknochen hing ein goldenes Band. Um den toten König hatte man Waffen gelegt, Lanzen, Bronzemesser und ein großes Schwert. Der Griff war dick mit Gold überzogen. Dazwischen waren Goldknöpfe verstreut, mehr als hundert, wie sie später feststellten, dazu zwölf Goldplatten, ein großer Trinkbecher, Silbervasen, eine Alabastervase und Bernsteinperlen.

Am nächsten Tag fanden sie am nördlichen Ende der Grabanlage einen weiteren Toten. Doch die Maske, die man über das Gesicht gelegt hatte, war zerdrückt. Die Züge, die der antike Goldschmied ihr einst gegeben hatte, waren nicht mehr zu erkennen. Behutsam hob Schliemann die Maske und Brustplatte ab, und Sophia stieß einen leisen Schrei aus.

„Heilige Madonna! Wie ist so etwas möglich ..."

Auch die Gesichter der Männer ringsum wechselten die Farbe. Kopf und Leib des Toten waren größtenteils erhalten. Das Gesicht wirkte wie das eines Schlafenden. Sie sahen eine breite, hohe Stirn, die Zähne waren weiß und vollständig erhalten, nur die Nase fehlte. Auch die Brustknochen waren gut erhalten, obwohl alles Fleisch zwischen Brust und Rückgrat fehlte. Die Hüftknochen lagen an ihrem richtigen Platz. Doch der Unterkörper von den Leisten abwärts war nicht mehr vorhanden. Auch diesen Toten hatte man in einen zu engen Raum gepreßt. Waffen und Schmuck lagen neben ihm, darunter ein dickwandiger Goldpokal, der mit drei dahinjagenden Löwen verziert war.

„Ich wage es nicht, den Körper zu berühren", murmelte Schliemann in die Stille. „Er wird mir unter den Händen zerfallen. Gibt es hier niemand, der einen Leichnam konservieren könnte?"

Professor Phindikles schüttelte den Kopf. „In dieser Gegend werden Sie keinen finden, der sich aufs Einbalsamieren versteht."

„Dann werde ich unseren Künstler rufen. Er kann ein

Porträt machen. Wir haben schon früher zusammengearbeitet."

Es begann jetzt rasch zu dunkeln. An langen Seilen holten sie die Kisten mit den Funden nach oben, wo Stamatakes sie in Empfang nahm und auf den Wagen stellen ließ, der von Soldaten bewacht wurde.

Bereits am nächsten Tag traf der Maler mit Skizzenbuch, Leinwand, Farben und Pinseln ein.

„Tun Sie alles, um ein gutes Porträt zu fertigen", bat Schliemann. „Der Fund ist einmalig. Wahrscheinlich wird es nie wieder etwas Vergleichbares geben."

Die Arbeiter hatten die Ankunft des Malers beobachtet und kamen nun heran, um einen Blick auf die sterblichen Überreste des toten Königs zu werfen. Stumm und ehrfurchtsvoll standen sie um das Grab. Die Nachricht verbreitete sich auch in den Dörfern der Umgebung, und schon wenige Stunden später strömten die Bewohner herbei, die meisten zu Fuß, andere auf Pferden und Eseln, einige auch im Wagen. Auch sie verfielen in ehrfürchtiges Schweigen. Die Soldaten hatten den Ort mit Seilen abgesperrt und wachten darüber, daß niemand in den Schacht stürzte. Am nächsten Morgen kamen andere, viele von weit her. Die ganze Argolis schien auf den Beinen zu sein, um den toten Ahnen zu sehen, der nach zweitausenddreihundert Jahren zu ihnen zurückgekehrt war.

Am Nachmittag meldete sich ein älterer Mann mit einer großen Tasche bei Schliemann. Er stellte sich als Apotheker aus Argos vor. Sein Name sei Spyridon Nikolaou.

„Einige Kunden kamen in mein Geschäft und sagten mir, Sie suchten jemand, der sich aufs Einbalsamieren verstehe."

„So ist es. Und Sie können mir helfen?"

„Ich weiß, wie es die Ägypter machten", sagte der Apotheker. „Sie verwendeten Würzstoffe. Ich mache es anders; aber ich garantiere Ihnen, daß sich der Leichnam nicht zersetzt. Man hat mich schon zweimal nach Naupliongerufen, um ertrunkene Seeleute zu konservieren, damit man sie in ihre Heimat überführen konnte."

„Es wäre wunderbar, wenn Sie Erfolg hätten."

„Darauf können Sie sich fest verlassen. Ich verwende ein Harz, das ich in Alkohol auflöse. Das ergibt eine Art Firnis, mit dem ich den Körper bestreiche. Und das mit Erfolg, wie mehrere Briefe beweisen, die ich erhalten habe."

Sie kletterten die Leiter hinab in den Schacht. Nikolaou musterte den Toten, dann holte er seine Chemikalien aus der Tasche, schüttete Alkohol in eine Schüssel und vermischte ihn mit Sandaraharz.

Schliemann stand dabei und sah zu, wie der Apotheker mit einem feinen Haarpinsel Stirn, Wangen, Mund, Kinn, Hals und Brust bestrich. Über ihnen drängte sich die Menge, um einen Blick auf das Geschehen zu werfen.

Von Zeit zu Zeit hörte man die Warnrufe der Soldaten, die fürchteten, daß einer der Neugierigen herabstürzen könnte. Sonst herrschte ehrfürchtige Stille, die nur vom Summen einiger aufdringlicher Fliegen unterbrochen wurde.

Zwei Stunden später richtete sich der Apotheker auf und wischte die Hände an seinem Kittel ab.

„Fertig", sagte er. „Sie können den König unbedenklich mit nach Athen nehmen. Er übersteht den Transport."

Doch für heute war es zu einer Bergung zu spät. Mühselig gruben sich die Männer am nächsten Tag mit Messern, Brechstangen und Schaufeln unterhalb der Kieselschicht in den Felsen, und die Menge beobachtete, wie Brett um Brett eine Art Sarg entstand, den man dann an Seilen hochzog.

Als man ihn neben der Grube abstellte, nahm Schliemann die Bretter, die als Deckel zum Schutz vor herabstürzendem Geröll gedient hatten, wieder ab. In einer endlosen Reihe zogen die Menschen stumm und in feierlicher Langsamkeit an dem toten König vorüber.

Als die Arbeiter die Kiste auf den Pferdewagen stellen wollten, kamen die Zuschauer heran und baten Schliemann um die Erlaubnis, ihren toten Vorfahren zum Dorf tragen zu dürfen.

Er stimmte zu, und so nahmen zwölf Männer, sechs auf jeder Seite, den Brettersarg auf die Schultern. Stumm, feierlich, setzte sich der Zug in Bewegung. Die Schliemanns schritten unmittelbar hinter dem König. Ihnen folgten Professor Phindikles und Stamatakes, dann die anderen, eine lange Doppelreihe von Menschen; Frauen, Männer und Kinder. Sie schritten mit gesenkten Köpfen, die Männer hatten die Hüte abgenommen.

Als sie das Löwentor passierten, brach die Nacht herein. Das leere Land schrumpfte zusammen, während sie dem gewundenen Pfad nach Charvati folgten, wo sie die Bewohner mit brennenden Fackeln erwarteten.

Schliemann blieb zurück, während man den rohgezimmerten Sarg in das Lagerhaus brachte. Er wollte jetzt nicht sprechen und niemanden sehen. Es gab wohl auch nichts zu sagen. Jahre hatte er für seine Ausgrabungen in Troja und Mykene gebraucht. Ihm waren dabei größere Erfolge gelungen als je einem Wissenschaftler vor ihm. Ein stolzes Ergebnis. Wer wollte das bestreiten?

Schon als Junge hatte es ihn nach Abenteuern und fremden Ländern verlangt. Homer war ihm allezeit vertrauter gewesen als je ein lebender Mensch. Schliemanns Träume waren erfüllt worden. Er hatte Glück gehabt dabei, auch Glück. Aber er hatte für jeden Schritt bezahlen müssen, und der Preis war hoch gewesen, wie er heute wußte.

Das Vermögen, das er als Kaufmann erworben hatte, war ihm nie Selbstzweck gewesen. Es hatte ihm erlaubt, seinen Neigungen und Wünschen zu folgen. Träume von Sicherheit, Wohlleben und Geborgenheit hatten ihn nie lange verlocken können.

Es war eine Frage des Willens, nie das große Ziel aus den Augen zu verlieren — zu graben, zu forschen, weiter vorzudringen als andere, mehr zu wagen und größere Risiken zu tragen als andere, sogar über jeden vernünftigen Preis hinaus.

Gleichgültig wie die Fachwelt seine Entdeckungen im Augenblick auch werten würde, ob man sie als wissenschaftliche Leistung anerkannte oder in ihnen nur die Zufallsergebnisse eines glücklichen Außenseiters sah, er war von ihnen zutiefst überzeugt. Wer immer später ein wahres Bild der europäischen Antike, jener fernen Welt der Sagen und Mythen, suchte, würde an seinen Grabungen nicht vorübergehen können.

Es gab wahrscheinlich keinen egoistischeren Menschen als ihn; er leugnete es nicht. Stets war er in gerader Linie auf das Ziel seiner Wünsche losgegangen. Sein Leben war ohne enge Freundschaft geblieben, auch dafür hatte er nie Zeit gefunden. Schon vor langer Zeit hatte er gelernt, sich auf keinen Menschen zu verlassen. Sophia war die Ausnahme geblieben.

Doch nun war die Zeit der großen Entdeckungen für ihn vorüber, und er fühlte sich von dieser Erkenntnis im Innersten getroffen. Was folgen würde, galt der Bewahrung und Sicherung des Erreichten. Konflikte und Intrigen würden dabei nicht ausbleiben. Doch er war bereit.

Ein kalter Wind war aufgesprungen. Stumm und einsam stand er da, die Hände tief in den Taschen vergraben, und blickte zu den Sternen des griechischen Himmels empor. Ein Geflimmer von Lichtern erfüllte die Nacht, so unendlich viele, als hätte ein phosphoreszierendes Feuer die Nacht erfaßt.

Entschlossen wandte er sich ab und tappte durch die Dunkelheit zum Haus, wo Sophia auf ihn wartete. Er spürte, wie sie in der Einsamkeit zitterte. Wortlos nahm er sie in die Arme und küßte sie, während ihr die Tränen über die Wangen liefen.

Heinrich Schliemann – Leben und Leistung

Jede Wissenschaft hat ihre Helden, nicht selten sind es geniale Außenseiter, die durch Tatkraft, Mut und Glück Außerordentliches leisten. Eine solche Gestalt ist für die Archäologie Heinrich Schliemann. Seine Erfolge, vor allem sein legendäres Leben, der Aufstieg vom mittellosen Lehrling zum vielfachen Millionär, seine einzigartige Sprachbegabung, sein Sinn für Publicity verschafften ihm eine weltweite Popularität, wie sie nur ganz wenige erreichen.

Ein Leben lang hing er seinem Kindertraum von jener fernen frühen Welt der Sagen und Mythen an, als die Götter noch mit den Menschen umgingen, fast wie mit ihresgleichen. Und wenn die anderen auch meinten, es habe jene Welt nie gegeben und sie habe immer nur in der Phantasie eines genialen Dichters bestanden, ihn störte es nicht. Doch Schliemann war nicht nur ein Träumer, er war auch ein Realist, ein scharf rechnender Kaufmann, der seine Chancen wahrnahm, wo sie sich boten, und ein Abenteurer, den kein Risiko schreckte.

Der mecklenburgische Pfarrerssohn, am 6. Januar 1822 in dem Städtchen Neu-Buckow geboren, hatte eine harte Jugend. Die Mutter starb früh, der Vater verlor durch widrige Verhältnisse sein Amt. Doch der Vater war es auch, der durch seine Erzählungen das Interesse des achtjährigen Sohnes für die Geschichte des Altertums und die Liebe zu den homerischen Helden weckte. „Stets fand er dann in mir einen eifrigen Verfechter Trojas", gestand Schliemann später in seiner Lebensgeschichte, „und wir kamen überein, daß ich dereinst Troja ausgraben sollte."

Er kam zunächst zu einem Onkel, der gleichfalls Pfarrer war, und dann auf die Realschule in Neustrelitz. Mit vierzehn Jahren gab man ihn als Lehrling in einen Krämerladen, wo er Heringe, Kartoffeln und Salz verkaufte, den Fußboden aufwusch, Schnaps brannte, Säcke und Fässer schleppte — nach eigenem Bekunden von fünf Uhr morgens bis elf Uhr abends.

Als er sich beim Heben der schweren Lasten eine innere Verletzung zuzog, die zu Blutungen führte, mußte er die Lehre aufgeben. Vergeblich suchte er in Hamburg eine neue Stellung. Schließlich buchte er für zwanzig Gulden eine Passage nach Venezuela. Doch die Brigg scheiterte in einem schweren Sturm schon vor der holländischen Küste. Schliemann klammerte sich an eine leere Tonne, die im Wasser trieb, und erreichte so den Strand.

Er blieb in Holland, wo er sich als Bürodiener in Amsterdam kümmerlich durchschlug. Er machte Botendienste, trug Briefe aus und ließ Wechsel stempeln. Neben seiner Arbeit lernte er in sechs Monaten Englisch, in weiteren sechs Monaten Französisch und dann in je sechs Wochen Holländisch, Spanisch, Italienisch und Portugiesisch. Er lernte in einer ärmlichen Dachstube ohne Ofen, und er lernte laut. Wenn sich die Nachbarn über den Lärm beschwerten, wechselte er das Quartier. „Mit Leichtigkeit konnte ich alle Tage zwanzig Seiten englischer Prosa wörtlich hersagen, wenn ich dieselben vorher dreimal aufmerksam durchgelesen hatte", bekannte er später. Sein Gedächtnis war phänomenal. Wahrscheinlich war er das größte Sprachgenie seines Jahrhunderts.

Sein Aufstieg begann mit dem Eintritt in das Handelshaus B. Schröder & Co. Hier wurde er am 1. März 1844, also gerade zwanzig Jahre alt, Korrespondent und Buchhalter. Besonders interessierten ihn die Handelsbeziehungen zum aufstrebenden Rußland, die er rasch als ausbaufähig erkannte. Auf eigene Faust lernte er Russisch. Niemand in Amsterdam sprach diese Sprache. Alles, was er an Lehrmitteln beschaffen konnte, waren eine alte Grammatik, ein Lexikon und eine mangelhafte Übersetzung des Telemach.

Zwei Jahre später schickte ihn die Firma als Agenten nach St. Petersburg, heute Leningrad. Kurz danach vertrat er schon mehrere Firmen, und im Jahr darauf machte er sich selbständig. 1847 nahm man ihn bereits in die Gilde der Großkaufleute auf. Seine Geschäfte machte er zunächst mit Indigo, hier hatte er noch von Holland her die meisten Erfahrungen. Während des Krimkrieges machte er Riesengewinne mit Baumwolle, Salpeter, Schwefel und Blei. Später handelte er auch mit Olivenöl und Tee.

Im Oktober 1852 heiratete er die reiche Kaufmannstochter Katarina Lyschin. In den acht Jahren ihrer Ehe schenkte sie ihm drei Kinder, einen Sohn und zwei Töchter. Doch die Ehe wurde nicht glücklich.

In all den Jahren machte er immer wieder große Reisen. Schon 1852 hatte er Nordamerika besucht. Die Angliederung Kaliforniens an die USA verschaffte ihm automatisch das nordamerikanische Bürgerrecht. Der Goldrausch in Kalifornien erfaßte auch ihn. Doch er ging nicht als Digger in die Felder, sondern gründete eine Bank für Goldhandel. Nun war er bereits ein Mann, der vom Präsidenten der Vereinigten Staaten empfangen wurde. „Er stellte mich seiner Frau und Tochter vor und seinem Vater, und ich unterhielt mich anderthalb Stunden mit ihm."

Weitere Reisen durch Europa, nach Ägypten, Indien, China und Japan folgten. Doch in all den Jahren, randvoll mit Unternehmungen und haarsträubenden Abenteuern, vergaß er niemals den Traum seiner Jugend, wollte er noch immer Troja wiederfinden. Was auch die Fachwissenschaftler an Zweifeln anmeldeten, sie konnten ihn nicht beirren. Mochten sie Homer für eine Legende halten und die historischen Grundlagen des Trojanischen Krieges in Frage stellen wie etwa der englische Historiker George Grote in seiner History of Greece: „Er ist zwar literarisch bezeugt und von Ehrfurcht umgeben, in den Augen der modernen Forschung jedoch ist er seinem Wesen nach eine Legende und nichts mehr."

Schliemann las das; er wußte auch, daß so gut wie alle so dachten. Er nahm es hin und blieb bei seiner Überzeugung.

Eine Aufnahme aus dem Jahre 1860 zeigt ihn im pelzgefütterten Mantel: St. Petersburger Großkaufmann Erster Gilde, erblicher russischer Ehrenbürger, Richter im Handelsgericht, Direktor der Kaiserlichen Staatsbank zu Petersburg. Seinem Sohn schrieb er dazu: „Ich gelte hier und in Moskau als der schlaueste, durchtriebenste und fähigste Kaufmann."

Mitte vierzig hatte er sich ein Vermögen geschaffen, groß genug, um sich endgültig aus allen Geschäften zurückziehen zu können. 1866 ließ er sich in Paris nieder, und da sich seine Frau weigerte, Petersburg zu verlassen, kam es zur Scheidung. Zwei Jahre widmete er sich dem Studium der griechischen Literatur und Altertumskunde. Inzwischen hatte er längst auch Griechisch, Latein und dazu ein halbes Dutzend anderer Sprachen gelernt.

1868 besuchte er dann erstmals die wichtigsten Orte, die ihm aus Homers Ilias so vertraut waren. Demütig, begeistert und kenntnisreich durchwanderte er das klassische Griechenland. Nicht ohne Rührung liest man in seinem Buche „Ithaka, der Peloponnes und Troja“, wie er jeden Ort und jede Ruine auf Korfu, in Nauplia und Mykene aus seinem Homer wiederzuerkennen meinte. Noch im gleichen Jahr promovierte er mit einer in Altgriechisch abgefaßten Arbeit an der Universität Rostock zum Doktor der Philosophie.

Doch 1869 wurde es ernst. Mit der Ilias des Homer unter dem Arm, einer Uhr und einem Taschenthermometer machte er sich im August allein auf die Suche nach Troja. Das Buch war für ihn der Führer. Die Uhr brauchte er, um festzustellen, ob, wie Homer schrieb, Achilles und Hektor dreimal im Kampfeseifer die Festung Troja umkreisen konnten, das Thermometer, um nachzuprüfen, ob sich, wiederum nach Homer, eine warme und eine kalte Quelle am Hügel finden lasse.

Rasch erkannte er, daß nicht Burnabaschi, sondern der Hügel von Hissarlik die Trümmer Trojas bergen müsse. Noch ehe er die eigentlichen Grabungen dann im nächsten Jahr begann, heiratete der fast Fünfzigjährige die neunzehnjährige Sophia Engastromeos aus Athen, die ihm fortan bei allen Forschungen zur Seite stand. Der Ehe entstammten zwei Kinder, Agamemnon und Andromache. In mehreren Etappen zwischen 1870 und 1873 grub er das antike Troja aus. Insgesamt verwendete er elfeinhalb Monate auf die Grabungen und beschäftigte regelmäßig zwischen hundert und hundertfünfzig Arbeiter. Am 15. Juni 1883 fand er unter einem Schild große Mengen an Schmuck, an Bechern, Vasen und Waffen, die er den „Schatz des Priamos" nannte und heimlich außer Landes schaffen ließ.

Schliemann hatte zwar Troja gefunden, doch an der Stadt Homers grub er vorbei. Unter den neun aufeinanderfolgenden Städten hielt er die zweite für das Troja der Ilias. Sein Nachfolger, Dr. Wilhelm Dörpfeld, der die Grabungen zwischen 1893 und 1894 fortsetzte, konnte nachweisen, daß Schliemanns „homerisches" Troja mindestens tausend Jahre älter ist, als er annahm. Dörpfeld hielt die sechste Schicht für die richtige. Der Amerikaner C. W. Blegeb, der bis 1938 grub, hielt die siebte für die homerische.

Doch auch heute besteht noch keine letzte Sicherheit. Ein Rest von Zweifel wird bleiben, wahrscheinlich für immer.

Die Erfolge auf Hissarlik, wo er die Grabungen in Abständen bis zu seinem Tode fortsetzte, ermutigten ihn, auch in Mykene, Tiryns und Pylos zu graben. Keiner der vielen Funde kam jedoch seiner Entdeckung in Mykene gleich. Hatte er schon in Troja auf Homer vertraut, so setzte er seine Hoffnungen jetzt wieder auf den griechischen Dichter, außerdem auf den im 2. Jahrhundert lebenden griechischen Schriftsteller Pausanias. Und erneut behielt er recht.

Er legte in Mykene fünf Schachtgräber frei, die einen bis heute einzigartigen Goldschatz bargen, darunter mehrere Goldmasken, von denen er eine für ein Porträt König Agamemnons hielt, was sich später als Irrtum herausstellen sollte. Die königlichen Schachtgräber sind um einige Jahrhunderte älter, als er annahm, und werden in die Zeit um 1600 v. Chr. datiert.

Sein Verdienst über alle Irrtümer hinaus bleibt es jedoch, eine glänzende bronzezeitliche Kultur, von der man nichts wußte, entdeckt zu haben. Sie bestand zur gleichen Zeit wie die minoische, und wir nennen sie die mykenische Kultur nach dem Namen der Stadt, in der Agamemnon herrschte. Er war der mächtigste König, der am Kampf gegen Troja teilgenommen hatte, wie Homer ihn schildert. Zu Homers Zeiten sprach man von Achäern, Danaern und Argivern. Die Legenden um den Trojanischen Krieg hatte Homer nicht erfunden. Sie waren schon lange vor ihm erzählt worden und wurden dann von ihm im 8. Jahrhundert v. Chr. in den beiden Werken Ilias und Odyssee zusammengefaßt.

Die besondere Heiligkeit Mykenes blieb über die Jahrhunderte wach und wurde in mündlicher Überlieferung weitergetragen, bis sie von Pausanias im 2. Jahrhundert n. Chr. aufgezeichnet wurde. Der griechische Schriftsteller kannte auch die Existenz von Gräbern an Mauern, in denen Personen liegen, die nach der Rückkehr König Agamemnons aus Troja getötet worden waren. Auf fünf dieser Gräber gibt Pausanias sogar genaue Hinweise. Schliemann verließ sich auf diese Zahl und gab darum nach der Auffindung des fünften Grabes die weiteren Arbeiten hier auf. In den Jahren 1951 bis 1954 wurden noch einmal 24 Gräber entdeckt.

Es ist aus heutiger Kenntnis leicht, die Versäumnisse und Irrtümer Schliemanns zu kritisieren. Doch die Veröffentlichungen seiner Gegner, die ihn mit Spott und Verachtung überschütteten, zeigen nur, wie häufig auch sie sich irrten. So schrieb man die Goldmasken von Mykene Byzanz zu; andere sahen in ihnen Zeugnisse der keltischen, gotischen oder einer orientalischen Kultur. Ernst Curtius sah in der Maske, die Schliemann für ein Porträt Agamemnons hielt, sogar eine Christusdarstellung.

Das Aufsehen, das Schliemann durch seine Bücher, Zeitungs- und Zeitschriftenbeiträge erregte, war beispiellos, denn er war zu allem anderen auch ein Schreibtischhocker. 150 Bände fand man in seinem Nachlaß, 18 Tagebücher von seinen Reisen und Grabungen, eine Unzahl von Artikeln in Fachzeitschriften, handgeschriebene Wörterbücher für 12 Sprachen sowie rund sechzigtausend Briefe, von ihm oder an ihn gerichtet.

Diese enorme Öffentlichkeitsarbeit kam nicht nur seinem eigenen Ansehen zugute, sie förderte auch den Ruf der bis dahin fast unbekannten Archäologie. Was seine Grabungsmethoden betrifft, die häufig angegriffen wurden, so waren sie nach heutigen Maßstäben anfangs sicher noch roh und zu sehr auf rasche Erfolge angelegt. Doch er lernte und verfeinerte sie mit wachsenden Erfahrungen. Anerkennung verdient, daß er mit den Gewohnheiten früherer Schatzgräber brach, die nur das wertvolle Einzelstück suchten, um es an Sammler und Museen zu verkaufen. Im Unterschied zu ihnen widmete er sich auch dem scheinbar bedeutungslosen Objekt aus Ton, Bronze oder Stein, selbst wenn es nur unvollkommen erhalten war oder aus zerbrochenen Einzelteilen bestand. Die Funde wurden sorgfältig registriert; häufig ließ er auch Zeichnungen und Fotografien der Fundorte mit genauen Angaben anfertigen.

Lange zögerte Schliemann, welchem Land er seine großartige Troja-Sammlung überlassen sollte. Erst seine Freundschaft mit Rudolf Virchow, dem Führer der Vorgeschichtsforschung in Deutschland, brachte die Entscheidung. Virchow überredete ihn, sie nach Berlin zu geben. In letzter Minute zog Schliemann die Sammlung aus London zurück, wo sie schon ausgestellt war, und schenkte sie mit einem Brief an den alten Kaiser 1881 „Dem deutschen Volke“. Sie wurde dem Vorgeschichtlichen Museum in Berlin übergeben mit der Anordnung, daß die Räume, in denen die Funde ausgestellt werden sollten, fortan „Schliemann-Säle“ genannt würden. Schliemann wurde Ehrenbürger von Berlin, eine Ehrung, die vor ihm nur Bismarck und Moltke zuteil geworden war.

Schliemann starb am zweiten Weihnachtstag 1890, kurz vor seinem 69. Geburtstag. Er hatte schon lange unter einem schmerzhaften Ohrenleiden gelitten, hörte auch schwer, und Virchow riet ihm dringend zu einer Operation. Er reiste darum nach Halle, wo man ihm die Knochenwucherungen herausmeißelte. Auf dem Rückweg nach Athen brach er in Neapel auf der Piazza della Carità zusammen. Die Entzündung hatte das Gehirn erreicht. Niemand kannte den Fremden in der einfachen Kleidung. So verweigerte das Krankenhaus zunächst die Aufnahme. Wer würde für den Unbekannten die Rechnung zahlen? Erst ein Arzt erkannte den weltberühmten Mann. Zwei Tage später starb Schliemann. Die Familie, zusammen mit Dörpfeld, holte den Leichnam nach Athen. Er wurde unter höchsten Ehren im Beisein des griechischen Königs, des Kronprinzen, der Minister und des Diplomatischen Korps auf dem Kolonos-Hügel bei Athen zur letzten Ruhe gebettet.

Der Träumer von Troja war tot, der Mann, der den Anstoß zur Erweiterung unseres Wissens um tausend Jahre europäischer Vergangenheit gegeben hatte. Kein Facharchäologe wurde je so berühmt wie er, keiner war auch so angefeindet worden wie er. Nur ganz wenige Kritiker hatten bei der Beurteilung dieses Mannes das rechte Maß gefunden.

Der „Schatz des Priamos", den er 1881 „Dem deutschen Volke" geschenkt hatte, wird vermißt. Als sich die sowjetischen Armeen gegen Kriegsende 1945 Berlin näherten, packten die Kustoden des Museums das Gold zusammen und versteckten es. Bis zum heutigen Tag ist kein Stück davon wieder aufgetaucht. Vielleicht wurde das Versteck von einer Bombe getroffen und vernichtet. Vielleicht wurden die Kostbarkeiten auch in den turbulenten Nachkriegsmonaten gefunden und gestohlen. Vielleicht auch beschlagnahmt und eingeschmolzen. Nur eine schwache Hoffnung besteht fort, daß der Schatz einmal wieder auftauchen wird.

Personen und Begriffe

Agamemnon: Sohn des Atreus, daher auch „der Atride" genannt, war der griechischen Sage nach König von Mykene, Bruder des Menelaos und Führer der Griechen beim Angriff auf Troja. Um die Gunst der Götter zu erringen, opferte er seine Tochter Iphigenie. Nach der Rückkehr aus dem Trojanischen Krieg wurde er von seiner Frau Klytaimnestra und ihrem Liebhaber Ägisth ermordet.

Argos bezeichnet bei Homer den Peloponnes und im besonderen Mykene.

Firman: hier Grabungserlaubnis für Schliemann.

Homer: Der Überlieferung nach wurde der Dichter im 9. oder in der zweiten Hälfte des 8. Jahrhunderts v. Chr. in Kleinasien geboren. Unter seinem Namen sind die beiden ersten großen epischen Dichtungen der Menschheit — Ilias und Odyssee — überliefert. Im 18. und 19. Jahrhundert bezweifelten viele Wissenschaftler die Existenz des Dichters. Heute neigt man wieder dazu, den Namen Homer für echt und seine Epen als einheitliche Werke anzusehen.

Über sein Leben ist nichts Sicheres bekannt. Bereits im 5. Jahrhundert v. Chr. existierten nur legendäre Berichte über ihn. So soll er als Sänger, der später erblindete, von Fürstenhof zu Fürstenhof gewandert sein.

Trojanischer Krieg: Wir verstehen darunter den historisch

nicht belegbaren Zug mykenischer Griechen gegen das reiche Troja. Die Sage hat sicher einen historischen Kern. Wahrscheinlich erfolgte der große Zerstörungszug im 12. oder 13. Jahrhundert v. Chr., nach antiken Berechnungen zwischen 1194 und 1184 v. Chr.

Nach der Ilias des Homer wird der Krieg durch Prinz Paris, den Sohn des Trojanerkönigs Priamos', ausgelöst, der Helena, die schöne Gattin des Spartanerkönigs Menelaos, nach Troja entführt. Am Rachefeldzug, den Agamemnon anführt, nehmen Menelaos, die Helden Odysseus, Achill, Nestor und die beiden Aiax teil. Auf trojanischer Seite kämpfen unter der Führung Hektors, des ältesten Sohnes König Priamos, Paris, Troilos und Äneas. Im zehnten Jahr der Belagerung gelingt es den Griechen, mit Hilfe des Trojanischen Pferdes, in dem sich die besten griechischen Helden verbergen, in die Stadt einzudringen. Troja wird zerstört, die meisten Bewohner werden hingemetzelt oder als Sklaven verkauft. Die Rückkehr des Odysseus, der die List mit dem hölzernen Pferd ersann, wird in Homers zweitem Werk, der Odyssee, erzählt.

Die wichtigsten Werke Schliemanns:

Ithaka, der Peloponnes und Troja. Archäologische Forschungen, Leipzig 1869

Trojanische Alterthümer. Bericht über die Ausgrabungen in Troja, Leipzig 1874

Mykenä. Bericht über meine Forschungen und Entdekkungen in Mykenä und Tiryns. Leipzig

Ilios, Stadt und Land der Trojaner, Leipzig 1881

Reise in der Troas im Mai 1881, Leipzig 1881

Troja. Ergebnisse meiner neuesten Ausgrabungen auf der Baustelle von Troja, in den Heldengräbern, Burnabaschi und anderen Orten in der Troas im Jahre 1882, Leipzig 1884

Tiryns. Der prähistorische Palast der Könige von Tiryns. Ergebnisse der neuesten Ausgrabungen, Leipzig 1886

Bericht über die Ausgrabungen in Troja im Jahre 1890, Leipzig 1891

Inhalt

Für die, die es genauer wissen wollen:

Bücher von Karl Rolf Seufert im Loewes Verlag

Das Zeichen von Lambarene

Albert Schweitzer gründet das Urwaldhospital.

Albert Schweitzer – ein Mann, der Außerordentliches leistete: als Musiker, Theologe, Friedenskämpfer und Arzt. Er erhielt höchste Ehrungen, darunter 1952 den Friedensnobelpreis. Karl Rolf Seufert schildert in seiner packenden Biographie das faszinierende Leben Schweitzers als Arzt in Zentralafrika.

Magie des blauen Lichts

Marie Curie entdeckt das Radium.

Karl Rolf Seufert hat in seiner Biographie die Faszination der berühmten Forscherin Marie Curie eingefangen.
Er bringt uns die Nobelpreisträgerin als Persönlichkeit nahe und läßt uns den Hauch von Abenteuer spüren, der großen Entdeckungen anhaftet.

Aufbruch am Heiligen Fluß

Gandhis Kampf für Indiens Freiheit.

Sie nannten ihn Mahatma, das heißt „große Seele". Denn schon früh galt Gandhi als Heiliger. Zugleich machte ihn sein Kampf um die Unabhängigkeit Indiens zu einem der größten Politiker seiner Zeit.
Karl Rolf Seufert bringt uns diesen einzigartigen Menschen nahe – in einem Roman, der so spannend ist wie Gandhis Leben und sein Kampf um Indiens Freiheit.

In Buchhandlungen erhältlich